The Data Lakehouse

The Bedrock for Artificial Intelligence, Machine Learning, and Data Mesh

数据湖仓

比尔·恩门（Bill Inmon）

[美] 戴夫·拉皮恩（Dave Rapien）　　著

瓦莱丽·巴特尔特（Valerie Bartelt）

上海市静安区国际数据管理协会 译

U0277332

人民邮电出版社

北京

图书在版编目（CIP）数据

数据湖仓 ／（美）比尔·恩门（Bill Inmon），（美）戴夫·拉皮恩（Dave Rapien），（美）瓦莱丽·巴特尔特（Valerie Bartelt）著；上海市静安区国际数据管理协会译. — 北京：人民邮电出版社，2024.7
ISBN 978-7-115-63888-5

Ⅰ. ①数… Ⅱ. ①比… ②戴… ③瓦… ④上… Ⅲ. ①数据处理 Ⅳ. ①TP274

中国国家版本馆CIP数据核字（2024）第049928号

版权声明

- ◆ 著　　　　［美］比尔·恩门（Bill Inmon）
　　　　　　　戴夫·拉皮恩（Dave Rapien）
　　　　　　　瓦莱丽·巴特尔特（Valerie Bartelt）
　　译　　　　上海市静安区国际数据管理协会
　　责任编辑　秦　健
　　责任印制　王　郁　焦志炜
- ◆ 人民邮电出版社出版发行　北京市丰台区成寿寺路 11 号
　　邮编　100164　电子邮件　315@ptpress.com.cn
　　网址　https://www.ptpress.com.cn
　　北京盛通印刷股份有限公司印刷
- ◆ 开本：880×1230　1/32
　　印张：5.625　　　　　　　　2024 年 7 月第 1 版
　　字数：88 千字　　　　　　　2025 年 4 月北京第 4 次印刷
　　著作权合同登记号　图字：01-2023-5489 号

定价：49.80 元

读者服务热线：(010)81055410　印装质量热线：(010)81055316
反盗版热线：(010)81055315

内容提要

　　数据湖仓是一个现代化的开放式架构，拥有当今热门的开源数据技术的广度和灵活性。本书从初学者的角度出发，通过对数据湖仓重要概念的剖析，对数据湖仓的相关知识进行深入浅出的讲解。全书共 18 章，对数据湖仓的基础知识、数据工程、业务价值、数据集成等方面进行深入探讨，同时展望数据架构的演化趋势，使读者能够领会数据湖仓的精髓，最终轻松、全面地管理数据湖仓项目。

　　本书适合数据架构师、业务人员和系统开发人员，以及对数据管理、数据分析感兴趣的读者阅读。

本书编译组

组长：胡　博

成员（按姓氏拼音排序）：

白晓曦　成于念　郭泰圣　蒋　晟　金　里

雷　霆　李建昆　李新功　刘健玲　刘　泉

刘　睿　刘　申　吕顺锋　毛　军　孙军亮

孙熙麟　王　远　许其威　杨怡然　张　峰

张　印

译者序

这是 DAMA 中国（上海市静安区国际数据管理协会）团队翻译的第 2 本有关数据湖仓的英文图书，同样由享有"数据仓库之父"美誉的比尔·恩门及其团队所著。在此，我不得不赞叹比尔的高产，本书英文原著的出版，距离他的上一本图书《构建数据湖仓》面世还不到 1 年的时间。当拿到这本书的英文版时我都惊呆了，毕竟《构建数据湖仓》这本书的中文版才在 2023 年 4 月底上市，我们在 7 月就又拿到了比尔的新作品。比尔老先生诚挚地询问了我们这本书是否也能在中国出版。当然，也要对 DAMA 中国团队的志愿者表示感谢，他们的热情和效率丝毫不亚于作者本人，只用 1 个月的时间就完成了翻译工作。

特别感谢本书的作者比尔·恩门、戴夫·拉皮恩和瓦莱丽·巴特尔特，同时也要感谢 DAMA 中国团队的成员，他们是杨怡然（前言）、孙军亮（第 1 章）、孙熙麟（第 2 章）、李新功（第 3 章）、吕顺锋（第 4 章）、张峰（第 5 章）、王远（第 6 章）、白晓曦（第 7 章）、刘泉（第 8 章）、张印（第 9 章）、蒋晟（第 10 章）、李建昆（第 11 章）、郭泰圣（第 12 章）、刘健玲（第 13 章）、刘申（第 14 章）、成于念（第 15 章）、毛军和刘睿（第 16 章）、金里（第 17 章）、许其威和雷霆（第 18 章）。此外，也要特别感谢 DAMA 在中国的 7 位理事。近年来 DAMA 中国在知识体系、出版、培训及认证方面做了大量的工作，出版图书十余本，帮助两万余人获取了数据治理工程师（CDGA）、数据治理专家（CDGP）以及首席数据官认证（CCDO），这对于在国内推广和普及数据管理知识至关重要。因此，这届理事会成员的名字应该被铭记，他们是：汪广盛、毛颖、黄万忠、代国辉、蔡春久、郑保卫以及胡博。

比尔在前言中说"本书是为数据架构师、业务人员和系统开发人员准备的"，但我认为本书应该是为每一个人准备的。在数据已经成为生产要素的今天，每个人都应该进一步提升自己的数据素养，而本书正是一份合适的资料。和《构建数据湖仓》一样，本书的内容浅显易懂，案例丰富，读者在轻松阅读的同时能够系统地了解和熟悉数据湖仓架构，以及数据湖仓作为新型数字经济基础设施的重要性。

胡博   博士

DAMA 中国理事

前　言

环顾四周，可以发现到处都有人为人工智能、机器学习或数据网格（Data Mesh）等技术的革新而兴奋不已。

事实上，新技术的出现和技术的进步确实孕育着巨大的发展前景。

但是，这些新技术的发展都有一个共同的前提：必须有可靠的数据来支持这些技术的应用。拥有可支持人工智能、机器学习和数据网格运行的数据源只是一种基本假设。

每个人都希望他所在的组织能够以数据驱动的方式运营。

但很多时候往往事与愿违。遗憾的是，人工智能、机器学习和数据网格与它们的前辈一样容易受到"垃圾进，垃圾出"（Garbage In，Garbage Out，GIGO）范式的影响。GIGO 适用于人工智能、机器学习和数据网格，就像适用于其他已开发的技术一样。

事实上，目前仍缺乏坚实的数据基础设施，以有效支持各种新技术的运用。

然而，数据湖仓的出现改变了这一现状。数据湖仓架构不仅为新技术和复杂技术提供了数据基础，同时也为构建更深入的分析能力奠定了基础。

为了确保这些技术能够发挥作用，必须建立可靠的数据基础，同时其中仅仅有数据是不够的，还要确保这些数据具备以下特性：

- 可信；

- 具有延展性；

- 能够被共享。

只有拥有了具备上述特性的数据，我们才能推进如人工智能、机器学习和数据网格等新技术的运用。因此，一个合适的数据湖仓将提供强大的数据基础设施。

那么，支持未来应用程序的基础数据需要具备哪些品质呢？

针对这个问题，必须考虑不同类型的数据，特别是结构化数据、文本数据和模拟/物联网数据。这 3 种类型的数据具有不同的属性。针对其中某种数据类型的技能并不一定适用于其他类型的数据，像南极洲、亚马孙河和撒哈拉沙漠一样，这 3

个地方虽然都在地球上，但它们的地质风貌是完全不同的。

换句话说，不同类型的数据在检索、操作和使用规则以及使用方法上有很大的差异。然而，为了支持应用程序和数据处理，我们必须了解不同类型数据的不同特性。

本书讲述了现代信息系统中数据发展和生存所需的数据基础。没错，这本书是关于数据湖仓的。

本书是为数据架构师、业务人员和系统开发人员准备的。

希望本书的内容对你有用。我们也希望你在人工智能、机器学习和数据网格方面取得成功。

比尔·恩门

戴夫·拉皮恩

瓦莱丽·巴特尔特

2023 年 6 月

资源与支持

资源获取

本书提供如下资源：

- 本书思维导图；
- 异步社区 7 天 VIP 会员。

要获得以上资源，您可以扫描下方二维码，根据指引领取。

提交勘误信息

作者、译者和编辑尽最大努力来确保书中内容的准确性，但难免会存在疏漏。欢迎您将发现的问题反馈给我们，帮助我们提升图书的质量。

当您发现错误时，请登录异步社区（https://www.epubit.com），按书名搜索，进入本书页面，单击"发表勘误"，输入勘误信息，单击"提交勘误"按钮即可（见右图）。本书的作者、译者和编辑会对您提交的勘误信息进

行审核，确认并接受后，您将获赠异步社区的 100 积分。积分可用于在异步社区兑换优惠券、样书或奖品。

与我们联系

我们的联系邮箱是 contact@epubit.com.cn。

如果您对本书有任何疑问或建议，请您发邮件给我们，并请在邮件标题中注明本书书名，以便我们更高效地做出反馈。

如果您有兴趣出版图书、录制教学视频，或者参与图书翻译、技术审校等工作，可以发邮件给我们。

如果您所在的学校、培训机构或企业想批量购买本书或异步社区出版的其他图书，也可以发邮件给我们。

如果您在网上发现有针对异步社区出品图书的各种形式的盗版行为，包括对图书全部或部分内容的非授权传播，请您将怀疑有侵权行为的链接通过邮件发送给我们。您的这一举动是对作者权益的保护，也是我们持续为您提供有价值的内容的动力之源。

关于异步社区和异步图书

"**异步社区**"是由人民邮电出版社创办的 IT 专业图书社区，于 2015 年 8 月上线运营，致力于优质内容的出版和分享，为读者提供高品质的学习内容，为作译者提供专业的出版服务，实现作者与读者在线交流互动，以及传统出版与数字出版的融合发展。

"**异步图书**"是异步社区策划出版的精品 IT 图书的品牌，依托于人民邮电出版社在计算机图书领域四十余年的发展与积淀。异步图书面向 IT 行业以及各行业使用信息技术的用户。

目　　录

第 1 章　让数据可信

每个终端用户（End User）都有一个共同的需求：访问想要的数据。事实上做到这点也确实不难，因为目前已经存在很多方式可以达到轻松访问数据的目的。如图 1.1 所示，终端用户可以通过多种方式访问数据，例如通过报告、电子表格、互联网信息或者知识图谱等方式访问数据。实际上，目前已经存在数百种访问数据的方式。

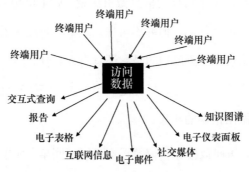

图 1.1　终端用户可以通过多种方式访问数据

然而，与此同时又出现了一个问题："我真的能够相信我正在访问的这些数据吗？"终端用户很快就会发现，访问数据和相信正在访问的数据是两回事。

访问数据和相信数据不是同一回事。

下面举个例子来说明访问不可信数据的情况。有人创建了一个电子表格，其中显示比尔·恩门每个月赚 100 万元。于是，在计算机数据库中就会出现一条每月赚取 100 万元的记录。

然而，事实并非如此。比尔·恩门并不是每个月都能赚 100 万元，但这条数据确实存储在计算机数据库中，是真实的数据内容。由此可见，尽管某些终端用户可以访问这条数据，但数据所传达的信息却可能是虚假的。

如果我们基于这样的信息做出决策，后果可想而知。尽管这条数据是可访问的，但并不可信。从某种角度来看，这条数据不仅是错误的，更可怕的是它还具有误导性，给人一种它是可信的这样的错觉。这就好像是一个陷阱，等待着毫无警惕的人们依此做出错误的决策。

因此，访问数据和相信数据不是同一回事。如果数据不可信，可能会导致决策和判断出现严重错误。

1.1　做一个成熟的终端用户

在访问计算机系统时，终端用户必须进行一个隐含的步骤，即从仅仅想要访问数据转变为想要访问可信的数据。

幸运的是，这个步骤非常直观，如图 1.2 所示。

访问可信的数据

访问数据

图 1.2　隐含的步骤

图 1.2 展示的简单步骤只是成为成熟的终端用户或分析人员所需要的第一步。除此之外，终端用户还可能会在许多其他步骤中提出如下问题。

● 我能分析这些数据吗？

● 我能看到数据随时间的变化情况吗？

● 我能将这些数据与其他数据结合起来进行分析吗？

同时，在掌握计算机技术的过程中，终端用户还需要经历许多其他步骤，其中最基本的两个步骤如下。

● 我能访问自己的数据吗？

● 我能相信正在访问的数据吗？

下面我们进行一个判断数据可信度的简单练习。假设一位军事指挥官问了一个简单的问题："我指挥的坦克有多少辆？"这个问题非常简单明了。指挥官希望从旗下两个营得到答案。

当指挥官问一个营的士兵时，会得到一个答案。但是，当指挥官问另一个营的士兵时，所获得的答案却完全不同。这时如果基于任意一个营的士兵的答案做出决策是一种冒险行为。

与上述情况类似，如图 1.3 所示，当指挥官询问 ABC 营可用坦克数量时，他们回答有 1500 辆。接着，指挥官询问 XYZ 营可用坦克数量，得到的答案是 10 000 辆。如果指挥官无法确定哪个答案是正确的，那么他可能做出灾难性的决策。

我们有多少辆可用的坦克?

1500辆坦克	10 000辆坦克
ABC营	XYZ营

指挥官该相信谁?

图 1.3   判断数据可信度的简单练习

对指挥官来说，获取这些数据并不是最紧要的，理解所听到的数据才是问题的关键。

经过进一步调查，指挥官发现 ABC 营报告的是今天处于战备状态的坦克数量。这些坦克已得到保养和实地测试，装备齐全并位于指定位置。相比之下，XYZ 营也有一些坦克，但是大部分处于预备役状态，尚未进行实地测试，装备不齐全并且存放在库房中。

事实上，指挥官所问的问题也需要更具体化。指挥官应该问"我们有多少辆处于战备状态的坦克"，或者问"我们有多少辆处于预备役状态的坦克"。由此可见，根据不可靠或不完全合格的信息做出决策是非常危险的。

要做出一个良好的决策，不仅要关注数据，还要获得可信数据的支持。

1.2 不断攀升的可信目标

目标可以分为两种类型。

一种目标是特定目标。例如，在美式足球比赛中，为了得分，必须让足球越过球门线。球门线是固定的，它在比赛中不会移动。这就是一个特定目标的例子。

另一种目标是不断攀升的目标。例如，假设一个人希望成为一名出色的厨师，他决定从炒鸡蛋或烧开水开始练习。但很快他会发现，世界各地有很多菜肴可以供自己学习与烹饪实践，如墨西哥菜、中国菜、法国菜、日本菜等，可供学习的菜肴多种多样，永无止境。

那些梦想成为一名优秀厨师的人，一定不会尝试把世界上所有的菜肴都学会。毕竟总会有一些人们尚未尝试过的事情，学习烹饪也是如此。

然而，这并不意味着这个人不可能成为一名优秀的厨师。这仅仅意味着如果想要成为一名优秀的厨师，那么他的目标应该是不断攀升的。这一点与美式足球比赛中让足球越过球门线不同，烹饪有一个不断攀升的目标。

对数据可信度的追求是不断攀升的。如图 1.4 所示，我们需要不断提高数据的可信度，提高数据可信度的方法有很多种。与烹饪一样，提高数据的可信度是一个无止境的过程。

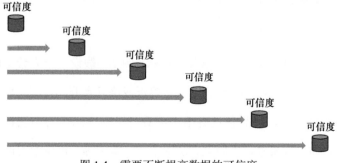

图 1.4　需要不断提高数据的可信度

1.3 可信数据的要素

可信数据的要素有哪些呢？除了简单的数据准确性以外，我们还需要了解以下内容：

- 数据的来源；

- 企业等组织首次采集数据的时间；

- 所有的数据转换情况；

- 是否进行了数据审核与编辑；

- 数据是否完整；

- 是否有能证实现有数据的其他数据；

- 数据的上下文情境；

- 数据采集和数据血缘的责任方；

- 采集数据的地点；

- 与数据相关的元数据及其上下文情境；

- 对数据进行的更改；

- 添加和附加到数据上的内容。

当然，以上只是简单列举。要想让终端用户完全理解数据，还需要了解与数据相关的许多其他方面的内容。

1.4　小结

数据的可信度是技术世界所依赖的基础。如果数据不可信，世界就会受制于"垃圾进，垃圾出"（Garbage In，Garbage Out，GIGO）。

第2章 基础数据

当我们要建造一栋公寓楼时，很明显我们会选择坚硬无比的岩石作为地基。因为我们都知道，如果将不合格的岩石作为地基，建筑物就会存在安全隐患，并且迟早会坍塌。为了确保建筑物中的居民能够安全居住，选择适当的地基是至关重要的。

相反，我们每个人最不愿意做的事情就是在沙滩上建造自己的房子，因为一场飓风都可能会把它吹倒，只留下破败不堪的残迹。

2.1 构建应用程序

人工智能、机器学习和数据网格等复杂且精尖的技术的运行都依赖于数据。如果我们在数据的"沙滩"上应用这些复杂且精尖的技术，肯定无法使它们正常运行。如图 2.1 所示，为了确保这些应用程序能够正常运行并实现设定的目标，必须将应用程序构建在"基石"之上。

图 2.1 必须将应用程序构建在"基石"之上

人工智能、机器学习和数据网格技术的"基石"是数据。然而，仅仅依赖这些技术直接访问数据是不够的，还要保证它们所访问的数据必须是可信的。如果被访问的数据本身就不可信，那么无论这些技术多么先进，它们向用户提供的结果也是不正确的或者具有误导性。

2.2 以人工智能医疗为例

本节以一个用于医疗的人工智能应用程序为例进行介绍。该应用程序依赖正确的数据基础。如图 2.2 所示，假设护士在输入病人的数据时将病人的血型输入错误，例如本应为 A 型却被输入为 B 型。

如果人工智能达到可以自主控制给病人输血的程度，那么上述错误对病人来说无疑是灾难性的。此外，如果人工智能被输入和使用的数据是不正确的，那么它几乎无法修正数据。

血型A型被
错误输入为B型

图 2.2 人工智能无法修正护士输错的数据

再举一个例子。假设有一位银行客户，银行记录显示他的账户上只有一小笔存款，那么银行可能会误以为他是乞丐。然而，他还拥有另一家银行的账户，那里显示他继承了一大笔财产，很明显他是一位富翁。由于没有办法将同一个人在不同银行的账户联系起来，因此任何一家银行都无法查看客户在其他银行的资产。

数据网格技术可以显示这位客户是否应该被当作乞丐。如果所有的数据都能被看到，那么这位客户的真实身份也会被揭露。

因此，所有的应用程序都必须构建在可靠数据的坚实基础上，如图 2.3 所示。只有在稳定、可访问和可信的数据基础上运行，应用程序才可能成功。相反，如果应用程序依赖的是令人难以置信的数据，那么它肯定会失败。

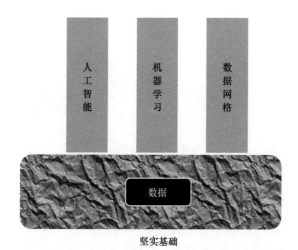

图 2.3　所有的应用程序都必须构建在可靠数据的坚实基础上

2.3　基础数据的组成要素

那么，基础数据的组成要素是什么呢？事实上，可信数据的基础是由许多要素构成的。这些要素可以在数据湖仓中找到，包括以下几点。

- **准确性**。准确性是可信数据最基本的要素，如果数据不准确，它就没有用处。

- **完整性**。支撑应用程序的数据必须尽可能完整。

- **时效性**。当分析人员查看数据时，他们会假设正在使用的数据是最新版本的，而查看过时的数据可能会误导他们。

- **可访问性**。数据必须可访问，而且有些数据访问时间必须精确到秒级，有些数据的可访问性参数则更为宽松。

- **易集成性**。数据必须能够与其他数据相匹配，同时还要求能够与其他数据进行有意义的集成。数据的可集成度有多种级别，大多数数据都可以与其他数据集成，但有些数据却无法与其他数据集成。数据集成的能力对数据的有用性和可信度至关重要。

- **可塑性**。数据就像腻子粉，要想发挥其作用，就需要它能够被塑造。

数据湖仓的以下特性能够满足上述需求。

- **粒度**。粒度数据可以通过多种方式进行检验，数据粒度越小，数据的价值就越低。

- **元数据增强**。原始数据几乎是无用的，终端用户需要获取元数据来明确应该分析的内容。

- **文档化**。除了元数据，文档完备的数据也要保证清晰和简洁。这样终端用户就能知道自己正在处理什么，并依此分析和使用数据。

● **多样性**。基础数据服务于各种各样的数据类型和数据
　结构。

2.4   小结

如果能正确创建可信的数据基础，将为成功应用数据奠定
坚实的基础，而且只要构建得当，数据湖仓完全可以满足大众
的需求。

第 3 章　如何避免不良数据

数据变差的原因有很多。大多数情况下，数据变差会发生在我们第一次将数据录入系统时。确保正确录入数据对于保障数据的质量至关重要。此外，不兼容问题也可能使数据变差。另外，缺乏相应文档也可能对数据质量造成非常不利的影响。因此，我们需要在第一次获取数据时就记录数据信息。

结构化数据（Structured Data）和非结构化数据（Unstructured Data）都可能存在数据质量问题。结构化数据通常具有标准格式，例如文本、数字或日期等。而非结构化数据则通常不具有标准格式，且不存储在关系型数据库中，例如图像、音频或地理空间数据（Geospatial Data）。为确保非结构化数据的质量，可以采用几种方法，例如使用能够充分存储这些数据的系统。当涉及非结构化数据（如实时数据）时，由于有可能会收集到不必要的数据，因此在将它们合并到一个系统时，确保保留相关数据显得非常重要。无论是结构化数据还是非结构化数据，当大量数据输入数据库时，实时确保数据的质量至关重要。

3.1　输入错误

　　输入错误常常是在将数据录入系统时人为造成的，或是因为文档本身就存在错误。文档本身的错误可能是转录或手写错误所导致的。在进行数据转录时，我们必须为审核数据分配时间，尽可能确保转录的数据与原始数据一致且可靠。目前市面上有许多数据转录工具，每一种都有其独特的优缺点。为了在输入过程中降低错误率，必须在将数据正式录入系统之前由专人对转录的最终版本数据进行审核，这是一项有价值且必要的工作。此外，安排专人检查输入的数据也可以最大限度地减少书写产生的错误。

　　提前设置待录入字段的数据格式也可以避免输入错误。这种方式被称作输入掩码（Input Mask），它规定了输入数据的不同格式，能够提醒输入数据的人注意输入数据的特定格式要求，以避免错误。例如，在字段中输入值时，输入掩码会提示该字段是字符串格式，包括占位符及由圆括号和连字符组成的附加字符。这些输入掩码可以帮助数据输入人员或录入人员了解每个字段的特定数据格式，如表 3.1 所示。

表 3.1　输入掩码示例

信　息	输入掩码
电话号码	_ _ - (— — —) _ _ _ - _ _ _ _
邮政编码	_ _ _ _ _ - _ _ _ _
日期	_ _ - _ _ - _ _ _ _
社会保障号码	_ _ _ - _ _ - _ _ _ _

另外，在字段中指定数据类型可以有效避免输入错误。可以为每个字段明确规定不同的数据类型和精确的数据长度。许多数据类型已有相关的规范和规定，或者我们也可以自定义数据类型。数据类型的示例如表 3.2 所示。

表 3.2　多样化的数据类型

数据类型	定义
INT	整数
VARCHAR	带有文本和数字的可变长度的字符串
VALUE	数值
YES/NO	需要一个二进制值
DATE	表示日、月和年，如 2023 年 3 月 19 日
MEMO	大量的文本

3.2　键的问题

通常在输入数据时需要进行额外的检查，以避免新输入的数据与系统中已存在的数据发生冲突，这种冲突可能导致数据集成错误。发生这种问题的根本原因是数据连接错误。输入数据表与数据源之间的连接或链接也可能导致键（Key）的非兼容性或属性的不一致性。

键的非兼容性问题主要发生在将数据录入系统时，可能出现主键重复或在唯一标识符字段输入重复主键的情况，因为数据库不允许重复的主键字段，所以会导致输入错误。此外，当我们试图插入记录或行时，如果与系统中的主键属性不匹配，也会导致重复性问题，从而造成系统中的数据错误。关于属性不一致的问题，如果某个字段的数据是必需的，一旦录入系统时新数据丢失或新数据的格式存在差异，就可能会出现数据集成错误。

3.3　重复记录

当数据从一个系统传输到另一个系统时，往往会出现重复记录或多次添加相同信息的情况，而且重复也不局限于主键的重复。若无法确定最可靠的数据，可能会导致你对已有的数据失去信心。例如，如果已有的数据中有很多重复的数据，我们就无法准确确定客户数，从而无法在业务上顺利地做出关键性的决策。在这种情况下，我们将无法确定自己的营销对象，进而无法有效提高公司的生产能力。

3.4　拼写错误

拼写错误是集成数据时的常见问题之一。当面临类似问题时，我们很难确定哪些数据是正确的。例如，一个人的名字到底是"Mary"还是"Marie"？可疑的、待定的数据可能会增加风险，特别是当数据存在明显差异或比较可疑时。由于在数据集成过程中需要人工参与评判数据的正确性，这一步骤会降低整个系统输入数据的速度，因此，确保数据符合规定的格式和特定的数据类型可以有效减少拼写错误。

3.5　兼容性

各种非兼容性问题都可能导致数据质量较低，包括上下文情境的非兼容性、蒸馏（Distillation）方法的非兼容性以及语言的非兼容性等。在后面的内容中我们将重点讨论这些问题，但首先我们需要明确"兼容性"的定义，以确保系统能够正确升级或与其他系统进行数据对接。

上下文情境的非兼容性问题可能出现在多数据来源的数据集成过程中。上下文情境数据是指与当前场景相关的事实信息。例如，市场数据可能与客户数据、社交媒体互动信息、股票市场价格波动所引发的经济变化及季节变换与天气变化带来的环境变化息息相关。必须综合分析不同的上下文情境数据，尤其是当今我们获取各种相关数据的机会增多，例如通过GPS 或物联网设备跟踪生成的数据，具体来说，可能是从可穿戴设备获取的实时数据。如果无法连接和综合利用离散数据集进行分析，这些数据就会导致上下文情境的非兼容性，从而造成整体视角下的市场营销战略管理的失败。

蒸馏方法的非兼容性也是一个问题。我们先了解一下蒸馏的概念。蒸馏是将一个较大的模型压缩成一个可以模拟真实世界的较小模型的过程。通常可以通过离线蒸馏（Offline Distillation）、在线蒸馏（Online Distillation）或自蒸馏（Self-Distillation）这3 种模式来训练较小的模型。

在最常见的离线蒸馏中，我们可以使用小型神经网络模型进行训练。神经网络模型能够模拟大脑中的神经元，并利用预处理的样本进行训练。与离线蒸馏不同，在线蒸馏（也称为并行计算）是将较大的模型和较小的模型同步用于训练数据。在自蒸馏过程中，则是对较大的模型和较小的模型使用相同的训练方法，并且可以实现相互训练。

深度学习是知识蒸馏的一部分，涵盖语音和图像的识别。深度学习训练数据的方式类似于人类大脑，能够为我们提供基于语音、图像等的洞察。然而，如果在处理过程中出现任何兼容性问题，就会导致知识蒸馏失败。

如果数据集成后的数据特征发生了很大的变化，则可能是语言不兼容引起的。为了避免语言不兼容，通常我们可以检查数据库的兼容性级别，并对其进行调整，这样有助于避免出现语言不兼容的情况。

3.6　编制文档

不做文档编制工作是导致数据质量问题的又一个重要原因。如果不能准确地记录数据，那么日后我们可能需要花费大量的时间去检索需要的数据。通常，我们会得到许多无序的数据，在这些数据中很难检索到我们所需的内容，就像陷入了一个数据沼泽一样。数据沼泽通常包含没有组织好或不符合质量规范的随机数据。因此，为了避免形成数据沼泽，应该只收集和记录与我们业务相关的数据。如果我们拥有大量数据，那么可以构建一个数据湖来存储和处理大量结构化数据与非结构化数据。与数据仓库相比，数据湖的一个优势是它能以最原始的形式存储大多数数据，而且成本更低。

无论数据的大小如何，维护详细的文档编制都是保持数据准确性的必要步骤。如果没有完整详细的文档编制，日后可能造成灾难。没有文档支持，我们就无法了解所存储数据背后的实际意义与目的。而有了文档支持后，所有的团队成员都可以轻松使用和理解被正确记录的数据。

例如，数据字典可以帮助减少许多数据质量问题。它是所使用数据的相关信息的集合，通常提供元数据和数据情况。在记录数据时，有许多可选的元数据标准，能够帮助指导日后数据的利用与开发过程。同时数据文档还应包含数据的含义和解释。

还有一个很重要的情况，那就是文档通常会包含使用数据的规则。在实践过程中，我们建议在第一次接收数据时就收集有关数据的信息，这样做可以为团队成员在进行数据交互时提供参考。

3.7　小结

数据质量常常被视为一种无法控制的因素。然而，通过分析输入错误、键的问题、重复记录、拼写错误、兼容性以及确保完成良好的文档编制工作，就可以最大限度减少数据错误，防止形成不良的数据资产。因为数据质量是数据团队获得成功的核心指标，所以我们必须认真地分析数据问题以及问题形成的原因，并思考相应的解决方案。

　　数据质量的评估标准包括准确性、完整性、可靠性、关联性和时效性。准确性指的是这些数据的有效性和价值。完整性指的是数据中是否存在缺失的情况。可靠性指的是我们是否可以信任这些数据。关联性指的是数据对业务需求的适用性。时效性指的是数据作为最新决策依据的能力。

第4章 不同类型的数据

企业等组织中的数据可以分为 3 种类型——结构化数据、文本数据和机器生成的模拟/物联网数据。

4.1 数据量

在组织中，对于不同类型的数据有不同的度量维度，其中一个最重要的维度是数据量，而存储和管理不同数据量所使用的技术也各不相同。

不同类型的数据在数据量方面存在较大的差异。

在企业等组织中，只有少量的数据是结构化数据。这些结构化数据是基于事务的数据，是组织日常业务的副产品。文本数据则存在于许多地方，如合同、电子邮件、电话交谈、医疗记录等。模拟/物联网数据是由机器生成的数据，这类机器包括摄像头、无人机、手表、闹钟、车辆等。由机器生成的数据无处不在。

当我们研究不同类型数据的数据量时，可以发现，与文本数据相比，结构化数据的数据量相对较小。换句话说，与结构化数据相比，文本数据的数据量要多得多，如图 4.1 所示。然而，当我们将文本数据与模拟/物联网数据进行比较时，同样会发现类似的情况，即由机器生成的数据的数据量要远远超过文本数据的数据量。

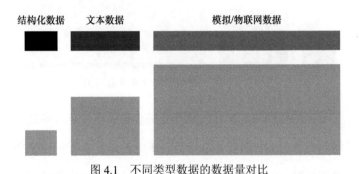

结构化数据 **文本数据** **模拟/物联网数据**

图 4.1 不同类型数据的数据量对比

4.2 数据的业务价值

虽然数据量对于建设数据湖仓非常重要，但这只是我们需要考虑的因素之一，另一个重要的因素是数据湖仓中数据的业务价值。因为仅仅有大量的数据并不意味着所有的数据都具有业务价值。换句话说，有些数据的业务价值很高，而有些数据的业务价值则相对较低。

如图 4.2 所示,我们将不同类型数据的业务价值用深色显示(颜色越深代表业务价值越大)。可以看到,几乎所有的结构化数据都具有业务价值,只有少量的结构化数据没有任何业务价值。

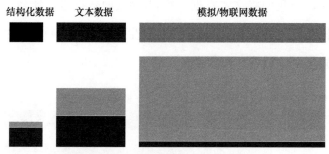

图 4.2   不同类型数据的业务价值对比

对文本数据来说,有些具有业务价值,但也有很多是没有任何业务价值的。例如,当一个人在电子邮件中表示他想购买一种产品时,这封电子邮件就可能具有很大的业务价值。但是,当一个人仅仅通过电子邮件确认是否与朋友共进晚餐时,该电子邮件的业务价值可能就相对较低。

最后,我们来分析由机器生成的模拟/物联网数据。在这类数据中,只有一小部分具有巨大的业务价值。大部分由机器生成的数据都是机械式的记录,它们很少或根本没有业务价值。例如,对于车床工作过程中生成的数据,如果这台车床正常运转了 3 个月,那么这 3 个月的数据并没有什么价值。但是,如果有一天车床由于异常导致无法正常工作,那么我们需要高度关注该车床当天生成的数据。由此可见,车床在工作过程中生成的有用数据的比例非常低。

4.3 数据的访问概率

通常数据的访问概率与其蕴藏的业务价值密切相关。如图 4.3 所示,数据湖仓中数据的访问概率与数据的业务价值呈正相关。

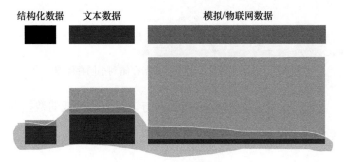

结构化数据　文本数据　　　　　模拟/物联网数据

图 4.3 数据的访问概率与数据的业务价值呈正相关

数据被访问的概率集中在有业务价值的数据中。

从另一个角度来看,将不常被访问的数据与访问概率较高的数据存储在同一个地方是没有意义的,应该将其存储到不同的数据存储器中,如图 4.4 所示。将不同类型的数据存储在一

起不仅会影响存储器的性能、增加成本，而且会降低数据分析
工程师处理数据的效率。

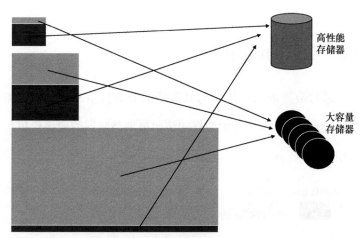

图 4.4   根据业务价值将不同数据存储到不同存储器中

总之，将访问概率较高的数据与访问概率较低的数据存储
在数据湖仓中的同一位置并不明智。

在对数据进行分隔存储时，我们需要考虑是否检索存储在
大容量存储器中的数据。换句话说，就是需要考虑将数据存储
到大容量存储器中后，在未来出现未知需求时，我们能否查找
和分析已存入大容量存储器中的数据，相关示例如图 4.5 所示。

尽管将数据存入大容量存储器并不意味着未来我们可以
对数据进行检索，而且在大容量存储器中检索和分析数据也
并不像在高性能存储器中那样容易和高效，但只要定期回溯

并分析大容量存储器中的数据，就可以实现对数据的检索和
分析。

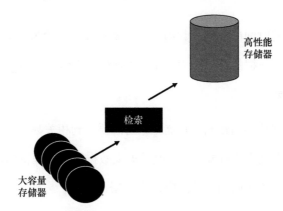

图 4.5　在未来出现未知需求时，可以检索和分析已存入大容量存储器的
　　　　数据

在大容量存储器中找到所需的数据后，就可以很容易地将
该数据存储到高性能存储器中。

4.4　数据降级

将任何类型的数据存入高性能存储器时都需要考虑一个因
素，那就是数据的访问概率会随着时间的推移而降低。换句话说，
存储时间越久的数据，对解决当前问题有帮助的概率就越低。

随着时间的推移，所有类型的数据都会发生数据降级
（Data Degradation）。

4.5　基于大容量存储器的数据归档机制

随着时间的推移，数据的访问概率和业务价值都会降低，为了提高数据的存储能力，将大容量存储器作为归档数据的载体是必要的。

数据被存储在归档存储区，当需要用到相关数据时，可以在归档存储区进行检索。但是，如果数据归档处理得当，那么几乎不需要在归档存储区中检索数据。

4.6　小结

如图 4.6 所示，不同类型的数据在存储方面有各自的特性，这些特性极大地影响了数据在数据湖仓中的存储和使用方式。

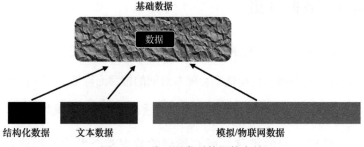

图 4.6　3 种不同类型数据的存储

第5章 数据抽象

数据抽象（Data Abstraction）是一种处理大量复杂数据的非常有用且必要的方法。人们在日常生活中经常使用抽象的方法来处理规模庞大且复杂的事物。

例如，当医生提到药物时，他可能指的是患者需要服用的多种药物；当高管提到资产时，他可能指的是组织可用的资金、持有的知识产权以及建筑物等；当施工经理提到建筑设备时，他可能指的是建筑公司可以使用的锤子、锯子和钻头等。

使用抽象的方式引用对象比单独提及每个对象更简便。数据架构师需要以抽象作为工具来处理数据中的规模庞大且复杂的对象。

数据类型不同，抽象模式和方法也不同。结构化数据通过数据模型进行抽象；文本数据通过本体（Ontology）和分类标准进行抽象；模拟/物联网数据通过蒸馏算法进行抽象。

5.1   结构化数据模型

如图 5.1 所示，结构化数据使用的数据模型包含实体关系图（Entity Relationship Diagram，ERD）、数据项集（Data Item Set，DIS）和数据库模式（Database Schema）。

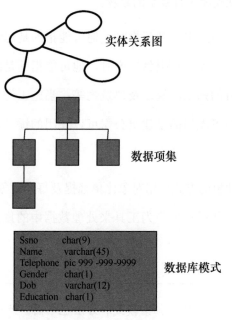

图 5.1   结构化数据使用的数据模型

实体关系图描述了组织的主要主题领域及实体之间的关系。例如，一个典型的销售业务实体关系图可能包括客户、产品、订单和运输等实体。

数据项集则将实体扩展为其组成部分，包括特定实体的键、属性以及数据项集中实体的从属数据。

数据库模式是数据项集的镜像，它描述了数据的物理属性、索引和唯一键值等特征。从许多方面来看，数据库模式只是在数据项集的基础上增加了一些细节。

数据模型的不同组成部分是相互关联的，实体关系图中的每个实体都有一个对应的数据项集，并且每个数据项集都有一个对应的数据库模式。

为了理解这种相互关系，我们可以用一些不同尺寸的地图进行类比，比如地球仪展示了全球海洋和国家的分布，接着是得克萨斯州的地图，然后是达拉斯市的街道地图。每张地图都有独特的细节，但它们之间也都相互关联。你可以在地球仪上找到得克萨斯州，也可以在得克萨斯州的地图上找到达拉斯市。

数据模型通常不包括派生数据（Derived Data）或汇总数据（Summarized Data），仅包含粒度数据（Granular Data）。数据模型主要描述组织的内部数据，而非组织的外部数据。数据模型也可以根据需要更改数据。

数据模型的元素可用于为数据模型内部的数据提供上下文情境。例如，当数据模型指定一个"NAME"属性时，该属

性的空间中只会存储个人的"名字"或公司的"名称",绝对
不会存储电话号码或社会保障号码。

5.2   本体和分类标准

文本数据的抽象与数据模型有相似之处,但也有一些差
异。文本数据的抽象主要由本体和分类标准两部分构成。

本体是一组相关的分类标准,而分类标准是对相似
事物的分类。

图 5.2 列出了一些关于国家、州和城市的本体,本体中的
每个分类标准都是独一无二的,但每个分类标准中的元素都与
其他分类标准中的元素存在着某种关系。例如,巴黎市属于法
国,得克萨斯州属于美国。

分类标准用于对同类对象进行分类。例如,一棵树可以
被分类为榆树、山核桃树、松树等。分类标准中的每个元
素都与分类标准的一般值有着相同的关系。例如,如果你
正在对树进行分类,则不会把保时捷跑车或坦克归到树的
分类中。

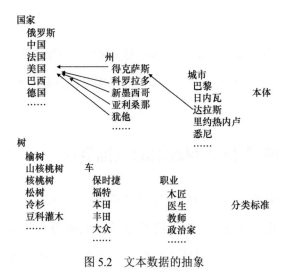

图 5.2　文本数据的抽象

分类标准是用来描述外部世界的。分类标准还是一种固定的文本抽象，不会随意改变。例如，当一个人发表演讲后，他就没有机会再去查看自己演讲时所说的文本并修改演讲内容了。

本体可以分为不同的类型。第一种类型的本体是通用的，适用于任何主题，例如"我喜欢……"或"我爱……"，可以用在任何类型的文本中。第二种类型的本体是针对某一学科的，例如医生有医学术语，律师有法律术语，建筑工人有建筑术语，其中医生的本体可能就不适用于律师。第三种类型的本体是针对某个组织特定术语的本体。例如，某家石油公司会使用一些只在其内部使用的术语，而不会将这些术语用在其他任何地方。

就所有实际目的而言，本体是无限的，创建本体是为了满足特定群体的需求。通常，本体的元素可以无限扩展。

5.3　模拟/物联网数据的蒸馏算法

模拟/物联网数据的抽象与结构化数据或文本数据的抽象存在很大的差异。由于模拟/物联网数据的业务价值和非业务价值之间存在差异，因此有必要采用一种（或多种）算法，从大量模拟/物联网数据中蒸馏有用的数据，如图 5.3 所示。

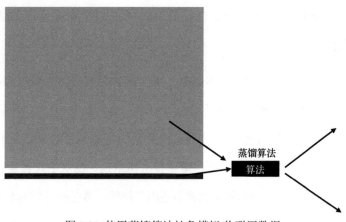

图 5.3　使用蒸馏算法抽象模拟/物联网数据

可以使用蒸馏算法对模拟/物联网数据进行抽象。

蒸馏算法的形式多种多样，如何选择取决于模拟/物联网数据自身的业务价值和最终业务价值之间的差异。随着时间的推移，蒸馏算法也会随条件的变化而改变。

5.4 小结

经过初步观察，可以发现，数据模型和本体似乎是一回事。然而，这两种抽象类型之间也存在一些重要且明显的区别：数据模型面向内部，着眼于组织的内部运行；本体面向外部，用于描述外部世界。数据模型包含显式元数据；本体则包含隐式元数据。数据模型描述的数据可在必要时进行更改；本体所抽象的文本则不能更改（回溯和更改文本甚至可能是违法的）。

数据模型所使用的数据是有限的，而文本以及文本所依据的外部世界的描述却不是有限的，外部世界可以永远存在。因此，尽管数据模型和本体之间有相似之处，但它们之间也确实存在差异。

数据模型、本体和蒸馏算法之间也存在许多不同之处。数据模型和本体是对数据的抽象，而蒸馏算法则是对处理过程的描述。

　　基础数据中还有另一种重要的抽象概念，即数据在组织流程中流动时对数据血缘的抽象。通常数据是作为事务的一部分被采集的。数据一旦被采集，就会与其他同类数据汇集在一起。然后，数据将开始从一个流程到另一个流程、从一条数据到另外一条数据的旅程。在每个出发点，数据都将被合并、计算，并与其他数据进行组合。

　　最后，数据到达用于分析处理的位置后，分析人员需要全面了解数据经历的整个过程，只有这样他们才能成功进行分析处理。数据的计算、组合和合并都是分析人员进行正确分析所必不可少的步骤。

　　如图 5.4 所示，数据抽象是数据湖仓的基础，它是许多依赖企业数据的应用程序的基础设施。

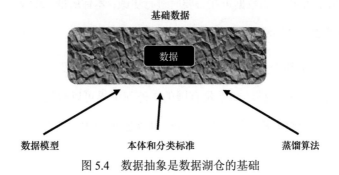

图 5.4　数据抽象是数据湖仓的基础

　　正确的数据抽象使数据湖仓中的各方可以方便地访问和使用数据，也能使数据更易于理解。

第6章 结构化数据

结构化数据是数据湖仓中常见的基础数据之一。结构化数据环境也是技术领域中较早出现的数据环境之一。

我们之所以称结构化数据为"结构化"，是因为每条记录的结构都是相同的，即便不同记录中的内容可能不同，但数据的基本布局完全一样，如图 6.1 所示。

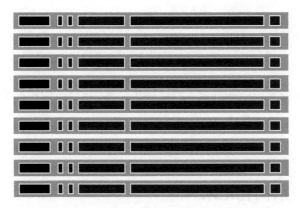

图 6.1 结构化数据中每条记录的结构相同

为了方便计算机处理，结构化数据环境都经过了优化，计算机能以最优的方式处理结构化数据。然而，在其他环境中，我们会发现计算机的优化效果并不理想。

6.1　业务交易生成的数据

　　一项业务活动的结果通常是一笔业务交易，并创建一条结构化记录，如图 6.2 所示。例如，业务活动的结果可以是一次购物、一通电话或者开具一张发票，业务事件的发生会生成结构化记录。

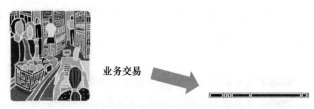

图 6.2　一笔业务交易能够生成一条结构化记录

　　很多业务活动都会生成结构化记录，这些结构化记录类似于业务活动的日志。

6.2　结构化记录

　　在每个结构化环境中，都会存在一些基本的元素。结构化环境中最基本的元素就是记录，如图 6.3 所示。结构化记录保存了一组数据，其中包括一个或多个数据键、若干个数据属性以及其他数据。通常系统会通过一个或多个数据索引直接指向记录。例如，一个结构化记录可能包含以下键和属性。

- 零件编号-键。

- 零件描述-属性。

- 度量单位-属性。

- 包装-属性。

- 重量-属性。

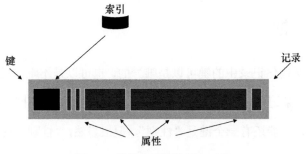

图6.3　结构化环境的基本元素

其中，键可以表示社会保障号码、零件编号、护照号等；属性可以表示个人的姓名、性别和出生日期等。一般情况下，属性的值取决于键的值。

结构化记录的设计非常严格。例如，你一定不会在存储空间中属性名称为"性别"的记录中找到电话号码。因此，结构化记录的上下文情境能够以一种非常可靠的方式嵌入其中。如图 6.4 所示，数据记录的上下文情境为结构化数据提供了结构。

上下文情境	记录
Name	Bill Inmon
Gender	Male
Birthplace	San Diego, California
Date of Birth	July 20, 1945

图 6.4　数据记录的上下文情境为结构化数据提供了结构

6.3　键

结构化记录中的键可以是唯一的，也可以是不唯一的。例如，一条记录中唯一的键可以是社会保障号码，而在同一条记录中，可能还有一个键是"性别"，但很显然，"性别"这个键不可能是唯一的。

键在数据库中以索引的形式存在，能够协助高效地直接访问数据。如果没有索引，计算机在检索特定记录时，就必须执行低效且复杂的顺序查找（Sequential Search），即逐条检索数据库中的所有数据。有了索引以后，通过结构化记录上的索引，就可以直接访问特定记录。

随着记录在计算机中不断累积，结构化记录会被写入表或数据库中，如图 6.5 所示。表或数据库需要存储在计算机外部的磁盘存储器上，磁盘存储器则直接连接到计算机上，使得计算机可以访问数据。

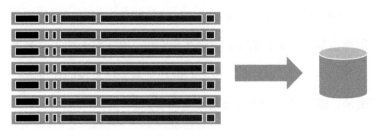

图 6.5 结构化记录被写入表或数据库中

将多条数据记录存储到数据库中，或者更准确地说，存储到数据库的表中后，我们就可以直接访问这些记录。

在构建包含结构化数据环境的基础数据时，将结构化数据抽象为数据模型是至关重要的。数据模型和实际的结构化数据一样，都应该是可用的。

6.4 联机事务处理

直接访问数据库中结构化数据的主要优势之一是能够进行联机事务处理（Online Transaction Processing，OLTP）。企业等组织可以通过 OLTP 执行交互式处理，将计算机直接融入日常活动中。标准的业务功能，如自动提款机（Automated Teller Machine，ATM）、银行柜员处理和预订系统，都依赖 OLTP。

OLTP 的核心是快速、持续地运行事务。同时，系统的可用性也是一个关键因素。如果系统宕机，组织将无法正常开展业务。因此，OLTP 系统遵循的准则是系统以最慢的速度进行交易，以确保每个事务使用最少的资源。

OLTP 赋予了组织一个重要的能力，即能够通过计算机使组织从繁琐的工作中解脱出来。

OLTP 环境也具有一些其他环境所不具备的系统需求。例如，在 OLTP 中，紧急备份和恢复处理功能是必要的。如果一个事务在 OLTP 作业流处理过程中出现问题，那么确保出现问题的事务不会破坏系统所使用的数据则非常重要。

例如，如果某天一笔银行存款业务的交易失败了，那么交易失败一定不能让银行或客户有任何损失。如果这笔银行存款交易是在事务处理过程中失败的，则交易中止后可能会将资金转移到一个错误的账户。因此，OLTP 必须具备紧急备份和恢复处理功能。

当事务可以在线更新数据时，必须防止另一个事务在同一时间更新相同的数据。

多个事务同时对相同数据进行操作会产生冲突，从
而破坏数据的完整性。

6.5　组织数据

尽管应用程序对我们开展业务来说非常有用，也很重要，
但是相同的数据元素可能在不同的应用程序中具有不同的值。
例如，数据元素 ABC 在一个应用程序中的值为 13，在其他应
用程序中则为 1000，显然，根据这些混乱的数据无法做出明智
的决策。

有时由于数据完整性较低，组织无法全面查看所有数据，
进而无法形成组织数据视图，因此组织难以回答以下问题。

● 整个组织有多少客户？

● 整个组织有多少不同的销售业务？

● 整个组织有多少产品和服务？

数据仓库的要求是将各个应用程序的数据集成到组织数
据视图中，以提高数据的完整性，如图 6.6 所示。

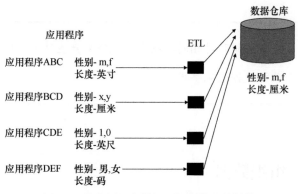

图 6.6   从应用程序数据到组织数据的转换

图 6.6 展示了 4 个应用程序。这些应用程序共享一些通用的数据，如性别和某些产品的长度。但是，每个应用程序都有自己的数据解释。例如，在某个应用程序中，性别被指定为 m 和 f，而在另一个应用程序中，性别则被表示为 1 和 0，诸如此类。同样地，在一个应用程序中，产品的测量单位是英寸，而在另一个应用程序中则以英尺为测量单位。

为了构建组织数据视图，需要使用提取、转换和加载技术将数据转换为统一格式。实际上，实现组织数据视图所需的转换比图 6.6 中显示的转换更为复杂。

6.6   小结

结构化数据是基础数据的重要组成部分，如图 6.7 所示。

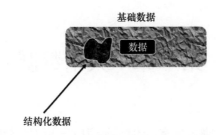

图 6.7　结构化数据是基础数据的重要组成部分

第7章 文本数据

文本数据是非常有用的数据类型之一，但目前我们仍未充分利用它。文本数据没有被广泛使用的原因有很多，本章将进一步详细解释，但主要原因还是在使用文本数据时存在很大的困难。

7.1 文本数据的类型

如图 7.1 所示，文本数据的呈现方式有很多种，如纯文本文件、Word 文件、PDF 文件、HTML 网页、JSON 文件、XML 文件、手稿、电子邮件、网站评论、博客以及 Excel 单元格中的文本块等。

图 7.1　文本数据的呈现方式多种多样

我们还可以使用各种转录软件或服务，将声音源转录为文本数据，例如，将音频文件、电话交谈、广播节目、会议录音和医生就诊对话等转录为文本数据。我们可以借助金山词霸、谷歌语音转文字、微软小娜（Cortana）等转换软件或转录服务，将声音源转换为可用的文本数据。此外，我们还可以通过 OCR（Optical Character Reader，光学字符阅读器）软件将图片中的文字转换为文本数据，如图 7.2 所示。尽管许多转录软件产品和 OCR 产品并不完美，但它们在将音频文件和图片文件转换为可用的文本数据方面还是表现不错的。

图 7.2　将其他格式的文件转换为文本数据

有时文本数据可能不够明确，通常这是因为缺乏可以解释其含义的元数据。文本数据往往都是不完整的且缺乏预定义的形式，同时大多数组织还将文本数据与数字数据、图片和细节混合存储，这进一步增加了人们的困惑。

文本数据之所以有价值，是因为我们能够提取有用的数据片段并为其添加上下文情境，从而通过分类、图表或相关性对其进行解释。

假设我们有一个 PowerPoint 演示文稿、一个 PDF 文件或一个商业 Word 文档，想要从中发现文本数据并加以利用。在同一个页面上，我们有一幅图和一部分电子表格，那么该如何描述该页面中的图、电子表格中的单元格以及页面上的文本数据的特征呢？图和单元格中的内容是文本数据吗？当我们想要描述图和电子表格的特征时，仅使用它们的命名是否足够？如果我们不将图和电子表格纳入考虑范围，即使这些数据已经保存在结构化数据库中，我们是否会丢失重要的数据？遗憾的是，大多数项目从未开始，因为大家不知道如何回答这些问题。

7.2   使用文本数据时的语言障碍

文本数据的形式极为复杂，处理起来也极其困难。首先，全世界存在不少于 7 组主要字符构成的单词和文本数据。这些字符集包括美国字母表、多个阿拉伯字符集、俄语字母和希伯来字母表等。

当前全球有超过 7100 种语言，其中 23 种属于主要语言，全世界约 80%的人口使用其中 10 种较为主流的语言之一进行交流。由于每种语言都有独特的习语、特点和形式，因此掌握这些语言是一项艰巨的任务。

目前文本数据没有被广泛使用的另一个原因是大多数人都不知道如何说好自己的语言。人们倾向于使用快捷说法、俚语以及不够规范的动词、名词和形容词。此外，大多数人在书写过程中也不会注意标点符号的正确性。那么，我们该如何从不完美的文本数据来源中提取有效数据呢？

7.3　多义词

不使用文本数据的理由还有一个，那就是每个词语在不同的上下文情境中可能具有多种含义。例如，当某人在句子中使用"trust"一词时，根据上下文情境，"trust"可能具有完全不同的含义。我们都知道，"trust"在日常生活中的含义可能是相信另一个人，但在金融领域，"trust"可能指的是一种存储金钱和资产的工具，该工具还可以根据规则与另一个人或组织进行财产分割。而在计算机领域，"trust"一词则意味着两台计算机之间存在共享特定数据的关系。由此可见，同一个词语可能因句子中其他词语的不同而具有完全不同的含义。

7.4　提取业务的含义

目前许多组织仍未能认识到利用大量文本数据的好处，主

要是因为他们没有找到进行这项工作的途径。这种短视心态的
问题在于，目前大多数问题都可以通过正确分析、理解和使用
整个组织中存储的文本数据得到答案。所以，我们需要迈出千
里旅程的第一步。

通过向特定文本数据添加上下文情境和元数据，可
以更好地了解我们的客户、产品、文档以及有价
值的数据。

从文本数据中提取有效信息的方法主要有两种——手动
提取和文本 ETL（Extract-Transform-Load）。手动提取需要让
每位从事这项工作的员工接受相关培训，使其理解文本中蕴含
的语义。手动提取过程相对枯燥乏味，而且提取效果也因人而
异。其他组织难以从我们的文本数据中获得所需的上下文情
境，因为他们几乎不了解我们所在的行业以及组织，也不了解
我们的员工。

当然，我们可以使用自动化解决方案，如文本 ETL，不过需
要先做一些前置决策并积累相关专业的知识。文本 ETL 需要一
些训练数据和对数据的评估，虽然它总是能够稳定地生成相同的
结果，但自动化的文本 ETL 过程总体上能够以成本最低、速度

最快、复用性最强和偏差最小的方式返回结果。此外，这个自动
化过程还可以在组织收集文档和添加注释的同时在后台完成。

在提取文本数据的过程中，我们需要注意如下一些事项。

- **文本数据提取结果并不算完美**。由于语言本身存在一
些问题，因此没有一个人或自动化的流程能返回一个
完美的文本数据提取结果。不同的方言、俚语、时代、
文化和人群都可能导致同一个句子产生不同的含义。
同时讽刺、强调、用词和隐喻也会对语言和释义造成
严重破坏。

- **情感体现了对某一产品或情形的感受**。情感不是一门
精确的科学。如果一个人可以从书面句子中体会到
80%的正确情感，就可以说他已经掌握该语言。真正
的情感分析不仅仅是一句话，相反，它是一种感受，
是阅读了产品成千上万个评论而形成的感受。

- **自然语言处理**（Natural Language Processing，NLP）
能够依据句子中的其他词语来标记词语。理论上，NLP
有很多用途，它能够用于评估语法、发现情感、预测
句子中缺少的单词以及根据评估的类似句子完成新的
句子。如果 NLP 已经针对这些单词完成训练，它就能
够完成所有前面提到的操作。如果仅仅是小批量使用，

那么 NLP 能够产生令人惊叹的效果。但是，对于一般环境，NLP 则需要大量的训练，以致需要耗费大量资源且成本高昂。NLP 作为一门科学，与其说是关于文本提取的，不如将其理解为基于标记、算法、人类假设和庞大测试数据集的文本预测。

● **提取文本数据时需要上下文情境。**这要求我们将文档按相似的上下文情境分类，要想做到这一点就需要一位拥有一些初始训练数据的主题专家来协助构建一组分类标准、本体和规则，我们将这名专家称为"nexus"。"nexus"可用于从文本数据中提取重要数据，这些数据可以导出到结构化数据库，并使用传统的可视化工具进行评估。这种基于关系的方法称为文本 ETL，我们需要在次要数据集上进行训练，并且与 NLP 相比，文本 ETL 能够使每条记录都产生更多的可用数据，因为它的目的不同。在不降低结果质量的情况下，完成这种类型的文本数据提取所需要的时间和资源也会大大减少。

7.5　小结

如果想要将文本数据转化为可用的数据源，就需要完成 3

个主要的数据清理步骤。首先，需要从数据源中提取文本数据并检索文本内容。其次，需要将数据转换为可与其他数据共同使用的格式。最后，需要将转换后的数据加载到待解决业务问题的结构中。

第8章　模拟/物联网数据

除了结构化数据和文本数据，基础数据中还有第三类数据，那就是机器生成的模拟/物联网数据。机器生成的数据是由机器操作所生成的，当机器运行时，会生成遥测数据以度量机器的工作，如图 8.1 所示。

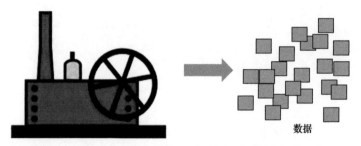

图 8.1　当机器运行时，会生成遥测数据以度量机器的工作

与结构化数据和文本数据一样，数据湖仓中也包含机器生成的数据。

当机器生成数据时，这些数据就会被保存到某种存储设备中。机器可以通过多种途径生成数据，例如通过摄像头、热传感器、压力传感器等。在机器生成数据时，还会记录许多其他参数。

许多设备和机器将生成的数据作为其工作的副产品。这些设备通常如下。

- 工业设备，如泵或车床。

- 用于监视的摄像头。

- 手表。

- 无人机。

- 车辆。

......

事实上，机器生成的数据来源很多，如图 8.2 所示。

图 8.2 机器生成的数据来源很多

8.1 数据有用性的差异

几乎所有机器生成的数据都存在这样的特性，那就是其中的大多数数据对企业等组织的业务来说并没有价值。机器通常无法区分有用数据和无用数据，只是在不断地运行并生成数据。

机器生成的大部分数据都是糟粕数据（Dross Data），如图 8.3 所示。糟粕数据是准确的数据，它反映了机器的运行情况，但对企业等组织的业务来说是无用的。相反，只有非糟粕的数据才是有用的数据。

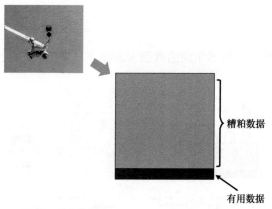

糟粕数据

有用数据

图 8.3 机器生成的大部分数据都是糟粕数据

8.2 摄像头

如果想了解糟粕数据的生成，可以设想一下监控停车场的摄像头。这些摄像头会 7×24 小时监控停车场并进行拍摄。尽管晚上停车场里没有车，但摄像头仍然会持续记录。白天，摄像头则会拍摄人们在停车场停车和开车的照片。然而，每天拍摄的这些照片并没有实际的用处，因为大多数日常活动并不会带来严重的后果。

但是有一天，一辆汽车在停车场被人破坏。在汽车被破坏的短时间内，摄像头拍摄的照片则非常有用。虽然车辆被破坏时所拍摄的照片数量相对较少，不到所有已拍摄照片的万分之一，但却是非常重要的。

对停车场来说，没有必要保留那些没有任何意义的照片，拍摄日常活动是没有任何价值的。事实上，存储那些不重要的照片既昂贵又浪费资源，但是存储那些重要的照片是很有价值的。

这种机器拍摄停车场照片的模式通常是无用的，只会在机器生成数据的世界中一次又一次地重复。几乎所有的机器都会遇到记录数据有用性方面的差异。而管理机器生成的数据则是需要从无用数据中蒸馏出有用的数据。

8.3　人工审视

要想从无用数据中蒸馏出有用的数据，最原始的方法是通过人工审视数据。这种蒸馏数据的方法虽然有效，但却相对粗暴，因为这意味着必须有人连续观看数小时的视频（或以其他方式查看收集的数据），才能获得几秒或几条有用的记录。如果不小心错过视频中的重要部分，那么这一关键信息可能永远无法被发现。

唯一的好消息是，虽然这种人工方法痛苦而粗暴，但却总是有效的。不建议使用此方法，除非没有其他更好的方法去访问和蒸馏机器生成的数据。

8.4 日期分隔

还有一种简单的方式，那就是按日期分隔数据。例如，我们可以将过去一个月内由机器生成的数据进行归档存储，只保留最新一周的数据。

这种方法实施起来很简单，但也存在两个缺陷。第一个缺陷是我们有可能需要查看超过一周的数据；第二个缺陷是我们也会存储大量无用的数据。

由此能够看出，手动蒸馏模拟/物联网数据是始终可用的，这样总比什么都没有好。

8.5 数据筛选

筛选出可能需要的数据也是一种非常实用的方法,可以将不太可能需要的数据发送到大容量存储器,而将很有可能需要的数据发送到高性能存储器。

虽然这种蒸馏方法是一个非常好的选择,但也取决于未来对某些类型数据的需求。遗憾的是,有时我们很难确定未来可能需要的数据类型,这时就需要经验丰富的工程师或分析人员来对我们进行指导。

但这种方法也存在一个问题,那就是部分不需要的数据仍然会存储在高性能存储器中,这也是处理机器生成的数据所必须付出的代价。

总而言之,这种方法优于前面所讨论的几种方法。

8.6 阈值方法

在阈值方法中,分析人员会先确定感兴趣的阈值,并仅记录超过或低于该阈值的测量值。在此过程中,分析人员仅需关注感兴趣的数据,并将记录的数据发送至高性能存储器。当数据进入高性能存储器后,超过阈值的数据记录立刻就显而易见了，而其余的数据则会被发送到大容量存储器中。

一旦超过阈值，我们就会捕获突破阈值的相关数据，即使与兴趣点关联程度很低的数据，也将被存储在高性能存储器中。

阈值方法的问题在于必须设置一个阈值。如果阈值设置得太低，那么分析人员将可能错过重要的数据。反之，如果阈值设置得太高，分析人员可能将一些不必要的数据存储到高性能存储器中。因此，设置合适的阈值非常重要。当然，随着时间的推移，我们也可以调整阈值。

由于阈值方法能够节省大量的空间和时间，因此如果可能的话，应该优先考虑使用阈值方法。

8.7　时间排序方法

蒸馏机器生成数据的另一种方法是时间排序方法。在时间排序方法中，我们需要确定哪些时间段更有可能保存重要的数据。

在停车场安装摄像头的情况下，我们可以决定不保留晚上

8:00 到早上 5:00 的监控数据，因为在这个时间段停车场通常没人。

如果分析人员的假设正确，那么这种方法的效果会很好。

在正常情况下，停车场在特定时间内是没有汽车的。但也可能出现其他罕见的情况，例如有人在凌晨 3:00 停车，并在这段时间内实施违法犯罪活动。在这种情况下，记录犯罪的录像就会被遗漏。

8.8 小结

当我们把有用的数据和无用的数据分开后，就可以把无用数据存入大容量存储器，之后如果需要的话，无用数据也仍然能被检索到。这样做有以下几个好处：

- 节省了存储成本，因为大容量存储器更便宜；

- 处理数据所需时间更少；

- 更易于数据分析。

如果机器生成数据的环境构建得当，基础数据就会进一步固化。如图 8.4 所示，机器生成的模拟/物联网数据是基础数据中的第三类数据。

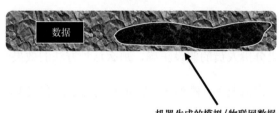

图 8.4   机器生成的模拟/物联网数据是基础数据中的第三类数据

第 9 章　大容量存储器与数据湖仓

几乎是到最后时刻，大容量存储器才被引入基础数据的基础设施中。大容量存储器的作用显然并不如高性能存储器那么突出，因为分析人员通常不会直接在大容量存储器中进行数据分析。同时由于设计人员大部分时间都在使用高性能存储器，因此他们会将注意力集中于高性能存储器的架构和设计。

但是，大容量存储器在基础数据中扮演的角色也特别重要，它能够在许多方面支持数据分析人员自由灵活地完成工作，也为数据湖仓的高效使用奠定了基础。

首先，大容量存储器可以利用大量廉价的存储介质存储数据。与高性能存储器相比，尽管大容量存储器的访问速度不够快，效率也不够高，但大容量存储器可以持久保存数据，而且还可以通过应用程序直接访问。

其次，大容量存储器在许多方面与棒球比赛中的替补投手角色类似，尽管大容量存储器在系统架构中可能不会起到突出作用，但也是绝对必要的。

9.1　大容量存储器的优缺点

大容量存储器具有一些值得注意的优势。首先，尽管在大容量存储器中进行数据检索比较困难，但由于数据是以数字化形式存储的，因此用户仍然可以随时访问数据，并且能够长期存储。另外，大容量存储器在大多数情况下不会随着时间的推移而产生数据异常问题。

然而，相比于其他形式的存储，大容量存储器的真正优势在于价格便宜。考虑到用户组织中的数据量，存储成本并非小事，而采用大容量存储器方案的用户则可以承担几乎无限量的数据存储。此外，随着云计算的兴起，更应该考虑存储的成本。换句话说，那就是大容量存储器能够有效降低整个组织的存储成本。

当然，大容量存储器有自己的优势，也有一些缺点。

大容量存储器的缺点之一是通常无法直接访问数据。在大容量存储器中检索数据时，我们需要按顺序访问。然而，按顺序存储数据的问题在于检索时需要消耗大量时间，且无法支持标准的分析处理机制。因此，我们不应该使用大容量存储器来支持 OLTP。此外，当需要在大容量存储器中检索数据时，通常需要开发大量自定义应用程序，这严重限制了对大容量存储器的使用。

通过对大容量存储器的优点和缺点进行比较，能够发现大容量存储器适合存储访问概率较低的数据。实际上，许多类型的数据都属于低访问概率的范畴，比如在某些情况下，法律要求组织长期存储相关数据，即使这些数据被访问的可能性很低。而在其他情况下，数据只是随着时间的推移而变得陈旧和过时。

大容量存储器也是存储大多数机器生成数据的理想选择，这些数据很可能不会被频繁访问或以其他方式用于分析，因为当机器正常运行并生成正常结果时，所生成的测量数据并不重要。

9.2 访问概率

当数据存储量非常庞大时，计算机就需要进行大量工作来检索数据。如图 9.1 所示，我们可以将访问概率较低的数据存储在大容量存储器中，这样，当系统需要检索访问概率较高的数据时，就无须检索大容量存储器中的数据，从而提高工作效率。

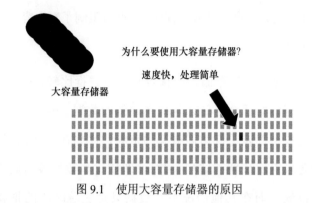

图 9.1 使用大容量存储器的原因

在实际场景中，当需要处理大量数据时，访问概率较高的数据可能会"隐藏"在其他数据之后。因此，在低访问概率的数据丛林中，确保高访问概率的数据不被埋没则非常重要。提供高访问概率的可用数据可以简化分析人员的操作，加快检索速度，降低数据检索的处理成本。

通过区分数据访问概率的高低，可以实现更高的收益。

这时问题就变成了"在使用数据之前能否确定其访问概率？"答案是有时可以。请参考下面的示例，区分有用数据和无用数据。

在数据库中存储大量的纯文本数据是很常见的。然而，当我们检查原始文本数据时，通常会发现只有很小一部分文本对分析和处理是有用的，比如这句话："She placed the aileron on the tail and the wings."（她将副翼安装在机尾和机翼上。）

当我们看到这句话时，会注意到一些重要的词，比如"aileron""tail"和"wings"。但还有一些词，如"She""the""on"和"and"，可能在任何类型的分析中都不会被使用。因此，在考虑使用纯文本数据之前，我们应该仅存储将来可能使用的词语，并对其进行评估。

我们需要确定哪些数据被访问的概率高，哪些数据被访问的概率低。

但使用词语并非确定访问概率的唯一标准，更常见的方法是通过数据的年龄（Age of Data）来衡量。随着时间的推移，数据被访问的概率会逐渐降低，不同数据降低的速度可能不同。所有数据的访问概率都会降低，当访问概率降低时，就应该考虑采用大容量存储器进行归档。

9.3   索引

通常，索引的作用是更高效地访问数据，如果我们对数据的访问概率有较高的预期，则可以为对应数据生成索引。因此，在大多数情况下，为大容量存储器创建索引是有必要的。

尽管大容量存储器中数据的访问概率较低，但仍然存在被访问的可能性。因此，为了应对偶然的随机访问需求，我们仍然需要为大容量存储器中的数据创建索引，这都是为了"以防万一"。

这种类型的索引通常可以创建在有空闲的机器上，例如下班时间不运行其他任务的机器。如果需要检索大容量存储器中的数据，创建索引能够节省大量时间。

通常，当需要检索大量数据时，检索过程必须快速完成，而直接在大容量存储器中进行检索则无法满足这个需求，因为这种方式是无法快速完成的。在这种情况下，使用索引则可能解决这个问题。

9.4 元数据和大容量存储器

大容量存储器的另一个重要特点是对元数据的需求。虽然大容量存储器中数据的访问概率不高，但并不意味着大容量存储器不需要元数据。实际上，如果我们在没有元数据的情况下将数据转存到大容量存储器中，那么将很难再次找到并使用这些数据。因此，元数据描述对于大容量存储器和高性能存储器同样必不可少。

9.5 小结

尽管大容量存储器并非基础数据的核心关注点，但它仍然是基础数据重要和必要的组成部分。如图 9.2 所示，大容量存储器是高性能存储器的基础和补充。

另外，关于大容量存储器是否属于数据湖仓的范畴，仍存在一些争议。尽管大容量存储器可以增强数据湖仓的能力，但是否可将其视为数据湖仓的一部分还有待探讨。

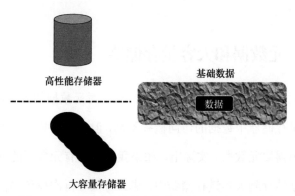

图 9.2   大容量存储器是高性能存储器的基础和补充

第 10 章　数据架构与数据工程

如图 10.1 所示，数据架构与数据工程就像是技术领域的阴阳两面。这两个领域相辅相成，仿佛是一个硬币的正反面。

图 10.1　数据架构与数据工程两个领域相辅相成

要理解数据架构师与数据工程师之间的共生关系，我们可以想象一下没有数据工程的数据架构会变成什么样子：没有数据工程的数据架构就像海洋中没有帆的船一样，这艘船可能不会下沉，但也无法前进。没有数据工程，数据架构本身可能是一项毫无意义的工作，如果想要实现数据架构，则需要数据工程师的支持。

反过来，我们再想象一下没有数据架构的数据工程：没有数据架构的数据工程就像没有舵的船。要想在危险的水域中保持漂浮，船必须配备船舵，否则，一波浪过来，就可能会把船击沉。同时如果没有船舵，船将永远无法到达预定的目的地。因此，没有数据架构的数据工程毫无意义。

10.1   两个角色如何通力配合

为了进一步阐明数据架构师与数据工程师的角色差异，我们可以想象一下建造房屋的过程，如图 10.2 所示。

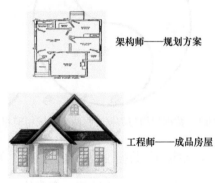

图 10.2   架构师与工程师的角色分配

架构师会为房屋制定规划方案，确定厨房、卧室、客厅等各个空间的位置布局。

而工程师则可以将架构师绘制的平面图转化为真实的建筑，负责完成地基、水电、吊顶、供暖等方面的工作。

架构师与工程师会共同构建复杂的信息系统。架构师注重考虑长期因素，例如确定房子要建在什么位置，预测可能发生的暴雨和暴风雪情况，并且对房子各个部分的磨损情况进行考虑，还需要确定房子的容纳能力等。

工程师则更关注战术性的问题，例如确定水泥的浇筑方式，管道的铺设位置，根据建筑规范布线以及天花板支撑的位置等。

数据架构师与数据工程师之间同样也是合作互补的关系，他们能够融合彼此的技能和视角，共同创建一个现代化的信息系统环境。

虽然数据架构师与数据工程师在兴趣点上有一些差异，但这两个角色仍然存在许多共同之处。

10.2 角色与数据类型

当涉及结构化数据时，数据架构师与数据工程师在许多方面有共同的兴趣点，包括实体、关系、键、属性、索引、数据量等。

虽然数据架构师与数据工程师有共同的兴趣点，但他们追求的目标是不同的。例如，数据架构师关注的是结构化环境中的数据，并确定数据是否具备以下特征：

● 是在最高级别的模型中定义的；

- 在需要转换时可以进行转换；

- 具有完整的数据血缘；

- 被正确归档；

- 被设计用于容纳大量数据。

数据架构师着眼于项目的大局和长期视野。

数据工程师关注以下方面：

- 数据的标准化；

- 汇总和派生数据；

- 选择正确的数据源；

- 明确定义的转换。

数据工程师要关注项目的具体细节，包括代码、数据库以及操作系统等方面的实现细节。

结构化数据只是数据架构师与数据工程师的第一个共同兴趣点。第二个共同兴趣点是文本数据。

数据架构师与数据工程师在本体、分类标准、情感分析、相关性分析、语言、多义词和缩略语等方面有共同的兴趣点。

数据架构师对以下方面感兴趣：

- 本体的来源；

- 分类标准的相互关系；

- 分类标准的重叠部分；

- 分类标准的层次级别；

- 分类标准的维护。

概括起来，数据架构师对本体的完整性、大容量存储器的使用以及将数据转换为基础数据等方面感兴趣。

数据工程师对以下方面感兴趣：

- 分类标准的新鲜度；

- 本体与组织实体之间的关系；

- 分类标准的完整性；

- 分类标准的具体程度。

即数据工程师对将文本转换为数据库的 ETL、将要使用的数据库、数据从大容量存储器到高性能存储器的流动等方面感兴趣。

数据架构师与数据工程师的第三个共同兴趣点是组织中的模拟/物联网数据。他们都对用于数据蒸馏的算法、模拟/物联网环境中不同类型数据的数据结构和组成部分、大容量存储器管理等方面感兴趣。

模拟/物联网数据环境能否成功，与数据架构师和数据工程师两者密切相关。

数据架构师关注以下方面：

● 模拟/物联网数据创建的速率；

● 模拟/物联网数据的粒度级别；

● 模拟/物联网数据满足的业务需求；

● 蒸馏算法的效率。

综上，数据架构师关注的方面包括即将面对的数据量、用于蒸馏的算法、存储在高性能存储器中的数据内容和结构等。

数据工程师关注以下方面：

● 对蒸馏后的数据进行维护的能力；

● 蒸馏算法的精度；

● 蒸馏后的数据所经历的分析处理过程；

● 偶尔需要重新定义蒸馏的参数。

概括起来，数据工程师关注蒸馏算法的实际编码、将数据加载到大容量存储器和高性能存储器的过程、将高性能存储器提供给终端用户使用等方面。

数据架构师与数据工程师的第四个共同兴趣点是跨不同数据类型跟踪和移动数据的能力。尽管并非所有数据都可以被用于跨数据类型的应用，但如果数据能够在不同数据类型之间流动，就存在巨大的可能性。

但是，当数据从一种数据类型转换为另一种数据类型时，就会引发许多问题，这也是数据架构师与数据工程师都非常关心的问题。

数据架构师与数据工程师的第五个共同兴趣点是数据血缘。数据在组织内通常是流动的。当我们移动数据时，就会发生数据转换，而且一些数据会被反复移动。在整个组织的数据流中，我们需要考虑进行数据转换的算法和选择用于转换的数据。

10.3　小结

如图 10.3 所示，数据架构师和数据工程师共同合作创建了数据基础——数据湖仓。这两个角色相辅相成，相得益彰。

概括起来，他们都对以下方面拥有浓厚的兴趣：

● 创建一个成功的信息系统环境；

● 将自己的工作建立在另一角色所创造的基础之上。

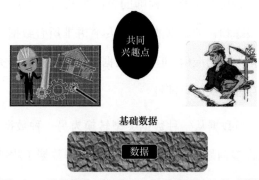

图 10.3 数据架构师与数据工程师共同打造基础数据

第 11 章　业务价值

技术和商业在这个世界上是相互交织的，虽然有时看起来并非如此。技术的存在是为了推动商业目标的实现和商业的进步，并由企业出资支持。当技术发展偏离这个基本模式时，它就会失去生机甚至消亡。当技术推动商业进步时，商业会蓬勃发展，技术也会随之繁荣。因此，我们能够认识到研究商业与技术之间的关系对于双方都很有益处，特别是考虑到基础数据在商业和技术应用中是不可或缺的。

11.1　业务价值才是驱动力

在任何情况下，商业都将决定技术的最终满意度和价值，商业是推动技术发展的关键。建立和维护基础数据是技术支持业务的最佳方式，可以根据数据基础来做出合理的业务决策。

从更高的维度来看，业务价值的目标很简单，包括以下几点。

- 赚取利润。

- 增加客户数量。

- 不流失现有用户。

当然，要想实现这些简单的商业目标并不容易，我们需要做好很多方面，例如先实现如下一些更小的目标。

- 推出新产品。

- 发布广告。

- 包装产品。

- 进入新市场。

- 产品定价。

11.2　一切都离不开钱

起初，赚钱听起来像是一个非常简单且冰冷的目标。但赚钱的确为商业的很多方面打开了大门。当一家企业开始盈利时，它就可以继续做更多事，具体如下。

- 拓展新市场。

- 扩充新产品。

- 设计新包装。

赚钱对于企业的长期延续至关重要，它是成功的关键，现金流则是商业活动的生命线。

虽然赚钱是一个关键目标，但实际上这是一个复杂的过程。从业务角度来看，要想实现业务价值，需要考虑很多方面的因素，如图 11.1 所示。

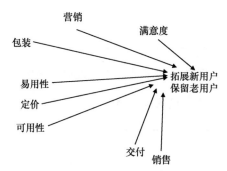

图 11.1 要想实现业务价值，需要考虑的因素

事实上，从长远来看，所有成功的技术都在某种程度上专注于实现业务目标。创建基础数据为实现这些目标奠定了基础。

11.3 基础数据

为基础数据打造坚实的基础设施是一项复杂的任务。我们必须对齐多个组成部分，确保基础数据稳固扎实。

目前存在的问题是，技术所有的组成部分必须协同工作。就像指挥一个交响乐团一样，交响乐团有很多不同的声部，基础数据的构建和支持也有多个不同的方面。只有当交响乐团的各个声部协调一致时，才能演奏出优美的音乐。

当基础数据的基础设施就位后，组织才能满足内部的业务需求。

当我们在复杂的技术丛林中挣扎时，很容易忘记最终的目标是实现业务价值。

11.4　难以协调

然而，协调不同的技术组成部分并非易事，原因如下。

- 技术基础由多个技术组成部分组合而成。

- 每个技术组成部分都与其他部分大不相同。

- 不同的技术组成部分需要排序才能协同工作。

- 不同的技术组成部分排序所需的时间框架大不相同。

- 不同的技术组成部分以不同的速率工作。

● 迭代开发需要协调。

简而言之，我们所需要的是一位特级大师以协调不同的技术组成部分，就像马戏团中的驯兽师一样。

11.5 领域

基于技术的复杂性、混乱性及其迭代处理，各技术组成部分逐渐形成彼此独立的领域是一种正常现象。很快，这些领域的一部分开始与领域的其他部分分离，然后技术领域的其他部分也会开始分离，以此类推。每个领域都会将自己视为独立的环境，而不是整体的一部分。

随着技术逐渐脱离领域，单个组成部分会开始考虑构建自己独特的技术，但也会忽视对业务价值的关注。在这方面，技术的组成部分甚至无法与业务流程关联，而是将所有的焦点都集中在技术的复杂性上，并非业务需求上。

随着技术逐渐开始建立自己的领域，支持组织业务的愿景也在逐渐丧失。

11.6　小结

如图 11.2 所示，每个技术的组成部分都需要聚焦于构建和辅助业务最核心的基础数据。只有这样做，才能确保组织的技术能够真正致力于支持组织的业务。

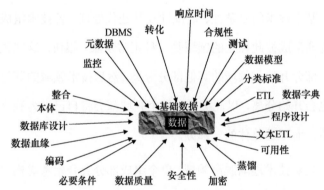

图 11.2　每个技术的组成部分都需要聚焦于构建和辅助业务最核心的基础数据

第 12 章　数据需要的层次

如图 12.1 所示，马斯洛需要层次论自 1943 年以来就一直深植于我们的社会。作为人类，我们有生理需要，如空气、食物、水和住所等。我们还有安全与保障的需要，如个人安全、健康和财产等。同时，我们也有爱与归属的需要，因为我们渴望友谊、家庭和亲密关系等。我们还有自尊的需要，因为我们渴望得到尊重、认可和自由等。最后，我们还希望成为最好的自己，马斯洛把这项需要放在需要层次论金字塔的顶端，称作自我实现的需要。

图 12.1　马斯洛需要层次论示意图

需要层次论金字塔底部的两个层次是生存所必需的。当生存得到保障后，我们就需要他人的陪伴和尊重以获得幸福感。顶部的自我实现的需要层次和自尊的需要层次则代表了个人的成长与发展。马斯洛需要层次论描述了人类在满足基本需求后，想要逐渐追求更高层次心理和情感的需求。

有趣的是，人类往往满足于停留在需要层次论金字塔的某个层次。对许多人来说，外部的成功就足够了。大多数人都没能在世上留下自己的痕迹，也没有发挥全部的创造力或实现内在的潜能。我们积极地生活，相互竞争，在拥有安全感的、充满爱与尊重的生活中感到幸福。即使是达到最高层次的人，往往也愿意回归舒适的状态，讲述自己"光辉岁月"的故事。

对大多数组织而言，数据也是如此。为了在竞争中获得成功，组织同样需要遵循"数据需要层次结构"不断发展。

图 12.2 展示了数据需要层次结构的 5 个层次，从下向上依次为数据获取，数据传输与存储，数据转换，数据标签、整合与汇聚，数据分析与机器学习。

通过自下向上的层次结构，我们需要探索获取数据、整合数据和访问数据等过程，并最终实现数据的自动化服务。

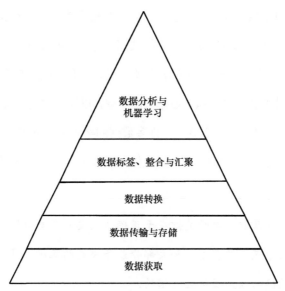

图 12.2　数据需要层次结构的 5 个层次

12.1　数据获取

数据获取是最底层的数据需要层次，也就是第一个层次。实际上，我们收集的数据远远超出所需要使用的范围。需要注意的是，我们现在处于大数据时代而不是信息时代，因为我们更擅长收集大量数据。然而，这些数据只有与上下文情境结合，赋予价值后才能成为真正的"信息"。事实上，目前全球 90% 的电子数据是在过去两年内产生的，而且这种情况已持续了数十年，这也意味着存储的数据量每 4 年就会增长近 100 倍！

数据的来源有很多，我们可以从数据库接口、传感器、业务系统、设备或物联网系统中获取数据。无论数据来自何处，都需要保证数据的完整性、准确性与唯一性，并且不能带有偏见。即使是文本数据，也应该从原始来源获取，以避免中间转换导致的信息丢失。但在这些情况下，许多数据的格式可能不规范。因此，还应该保存文本数据对应的元数据，以便未来进行数据溯源。

数据获取层次的关键在于正确地收集和分类数据。由于这是所有系统和大部分业务决策的基础，因此数据必须是正确且可信的。

12.2 数据传输与存储

数据需要层次结构的第二个层次是数据传输与存储。为了确保数据传输的可靠性，源系统必须具备可靠的数据传输机制。而用于存储结构化数据和非结构化数据的系统也必须是冗余的，以保障数据安全，并提升检索效率。此外，该存储系统还应易于访问。批处理或联机事务处理数据传输系统，需要配备验证和回滚程序。而数据提取、转换和加载过程必须符合业务需求和数据治理准则。

多年来，关系型数据库和数据仓库一直是结构化数据存储与检索的主要方式。然而，随着数据湖、数据湖仓以及基于Parquet 和 JSON 的文件存储方式的引入，企业逐渐不再愿意受到传统数据存储和传输要求的限制，而是希望能够使用更多的数据。这种转变给数据需要层次结构的后续步骤带来了极大的困难，甚至几乎不可能实现。这种不按要求传输和存储数据的做法是由那些号称有商业头脑且能说会道的技术人员提出的，他们说服了看似精通技术的业务决策者，让他们觉得这种方式可行。但在大多数情况下，这样做被证明是浪费资源，甚至是一种对数据的破坏性行为。

12.3 数据转换

数据转换是将数据转化为对业务决策有用的形式，这是数据需要层次结构中最困难的层级之一，也是第三个层次，它要求同时具备数据知识和业务理解能力。数据转换层次对企业来说是建立竞争优势的关键，它能够将来自多个业务系统的数据整合转换为可用于决策支持系统、专家系统、商业智能系统和业务分析系统的数据资源，同时，它还同数据传输与存储层次密切结合。

数据转换层次的复杂性在于其需要有效地清洗当前"非常

混乱"的数据，并按照企业数据治理委员会指定的格式进行数据转换。如果系统未能准确地采集、存储或标记数据，那么使用这些数据支持业务决策时可能会出现问题。换句话说，如果基础数据不可信、存储方式不正确，就无法与其他数据进行整合。

数据转换层次的主要任务包括数据清洗、数据转换、面向报表系统整理数据以及进行数据异常检测。数据异常检测的目的是通过数据洞察提前检测并修复潜在问题，避免造成严重的影响，从而节省资金。

如果能够提前检测并修复潜在问题，防止它朝错误的方向发展，就能够避免对业务的影响。

12.4　数据标签、整合与汇聚

数据需要层次结构的第四个层次是数据标签、整合与汇聚，这个层次是业务分析和报告系统的核心。通过整合数据以满足应用需求，可以为决策者提供信息和洞察力。客观的评价指标体系可用于评估数据整合的效果。在数据整合过程中，根据不同维度划分客户，可以积极促进营销和客户服务水平的提升。同样地，根据不同维度汇聚数据，形成 OLAP 立方体，不仅有助于发现数据的分布趋势与关联性，而且有助于发现采集数据异常、数据偏差和序列特征。

数据标签、整合与汇聚层次的重要之处在于它能够创造数据的价值，因为在这个层次，企业才开始真正地使用数据。

通过挖掘和融入关键词语，可以有效地处理文本数据。随后，需要为处理好的数据添加元数据，并以数据列的形式进行存储，以满足具有行业背景的专业需求，即把非结构化数据转化为结构化数据。

总的来看，数据标签、整合与汇聚层次提供了访问数据的入口，其他应用都需要构建在该层次之上。很多企业在数据标签、整合与汇聚层次中获得了稳健的业务支持能力、成功的实践以及竞争优势。从马斯洛需要层次论的角度来看，数据标签、整合与汇聚层次对应的是第四层——自尊的需要，达到这个层级的企业大多都得到了行业认可。

12.5 数据分析与机器学习

数据需要层次结构中的顶层是数据分析与机器学习。该层次使用计算机算法并利用现有数据来解释自身。一旦它理解了现有数据，就可以预测新数据到来时的趋势。这是机器学习的基础，这些算法可以对预期结果与实际结果进行试验。然后，随着企业获得更多数据，它们就可以更准确地预测将会发生的情况。

如果我们能够预测即将发生的情况，就可以提前制定适当的行动以应对预期的结果。制定行动的基础是专家系统，它可以向用户提供专家建议。手机上的导航应用程序是专家系统的一个很好的例子。如果应用程序知道你的目的地并了解交通情况，它就会建议到达目的地的最佳路线。

基于数据分析与机器学习层次，企业可以根据数据进行业务决策的优化。

正确预测并提前制定适当的行动能够使得企业在面对竞争对手时获得真正的数据竞争优势。在这个层次上，企业可以实现数据自动化服务的目标。

在数据分析不断深入发展的背景下，计算机算法持续进步，拥有模拟人类智能的系统开始出现。这些系统被称为人工神经网络，它们包含 3 层或更多的层级，并且能够从大量的数据中"学习"。随着层级的增加,深度学习系统开始出现,并成为人工智能系统的引擎。

人工智能系统能够模仿人类的决策过程。该系统不仅能够在驾驶方面表现出更强大的技术水平,而且能够控制多个机器人以保护建筑物的安全,并且能够轻松地回答人类提出的问题,提供比人类回答更出色的答案。

12.6　小结

为了更有效地利用数据,我们需要制订相应的计划,具体步骤如下。

1.只收集真正需要使用的数据。

2.数据是可信的,也是可理解的。如果员工缺乏对数据的理解,就需要分析人员帮忙,让员工放弃自己的偏见,更全面地理解数据的含义。

3.需要将数据存储在既方便访问又安全的地方。

4.把数据转换成员工和应用程序可以使用的格式。

5.将存储和转换后的数据进行整合,以便从不同系统中获取更全面的数据视图。

6．将数据与适当的元数据汇聚，应用于报表和业务分析系统。

7．创建能够进行数据学习的系统，优化业务决策，甚至发明一些创新技术。

第 13 章　数据湖仓中的数据集成

数据湖仓的总体目标是为每一个人提供支持，包括从普通职员到 CEO。有了作为基础设施的基础数据，企业等组织才能实现真正的数据驱动。如果没有可信的数据作为基础，组织将在数据驱动的变革中举步维艰。

提供组织所需的数据，最关键的一环在于提供集成的数据基础。数据湖仓必须包含集成的数据，这是毋庸置疑的。只将数据扔进数据湖仓就指望它能满足人们的需求是不现实的。如果将数据丢进数据湖仓而不对其进行集成，将会浪费时间、金钱和机会。

数据集成是构建组织决策基础的必要条件。

换句话说，如果组织选择不对其决策所需的数据进行集成，就难以实现在应用人工智能、机器学习和数据网格技术时所需的可靠性。因为这些技术都是建立在数据是可用和可靠的基础之上的。除非有数据基础为这些技术提供支持，否则这些技术都将是错误的假设。

　　但目前技术供应商和咨询顾问不愿进行集成，这对组织来说是一个问题，因为组织通常依赖这些技术供应商和咨询顾问为信息处理部门提供建议。

13.1　不同种类数据的集成

　　当集成需求出现时，了解需要集成哪些数据很重要。数据湖仓包含 3 种基本的数据类型：

- 结构化数据；

- 文本数据；

- 模拟/物联网数据。

13.2　自动集成

　　一些技术可以用于数据集成。

　　如图 13.1 所示，对于应用程序生成的结构化数据，可以运用 ETL；对于文本数据，可以运用文本 ETL；对于模拟/物联网数据，则可以运用数据蒸馏算法。这些技术都能以成熟和自动化的方式支持集成需求。

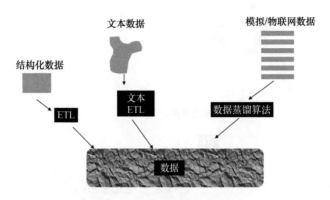

图 13.1　用于数据集成的技术

　　数据集成的最终结果是数据本身的转换。我们也可以换一种理解方式，那就是基础数据包含转换过的数据。

　　转换数据的有趣之处在于不同类型数据的转换过程完全不同。换句话说，ETL、文本 ETL 和数据蒸馏算法的处理过程之间几乎没有共同点。

13.3　ETL

　　如图 13.2 所示，ETL 是对应用程序生成的结构化数据进行转换的过程。一般来说，企业在进行交易时会生成结构化数据，并基于这些数据进行日常活动。

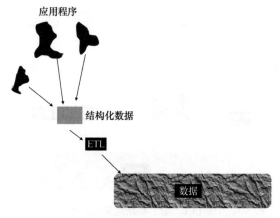

图 13.2　ETL 是对应用程序生成的结构化数据进行转换的过程

使用 ETL 将应用程序生成的结构化数据转化为企业数据涉及很多方面，具体如下。

- 命名约定。

- 编码习惯。

- 物理特性差异。

- 属性度量。

- 键值差异。

- 属性存在标准。

- 粒度差异。

- 定义差异。

- 数据选择标准。

● 归纳和推导差异。

总之，只有集成基于应用程序与基于交易的数据，才能够真正理解企业所开展的业务。

13.4 文本 ETL

如图 13.3 所示，将文本数据集成到基础数据中与集成结构化数据有着明显的区别。首先，两者的数据来源存在显著差异。结构化数据主要来自交易，而文本数据则主要来自语音对话和报告。具体而言，文本数据可能来自印刷资料，例如报纸、文档和广告册，也可能来自互联网、电子邮件和其他电子形式的数据。

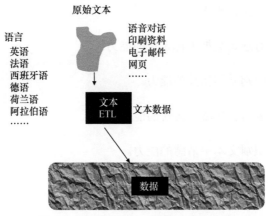

图 13.3　将文本数据集成到基础数据中

　　此外，文本数据是以自由格式呈现的，而事务数据每次出现时都清晰明了。在处理文本数据时，并不存在描述结构化数据的元数据，就像人们交谈的方式与银行兑现支票的方式不同一样。

　　因此，与处理结构化数据相比，处理文本数据的方式存在较大差异。

　　文本数据集成的要素包含以下几点。

- 描述文本数据所涵盖的本体。

- 本体内的分类标准。

- 分类标准和业务规则的联系。

- 基于词与词之间的相近程度识别语义。

- 多义词辨识。

- 对选定数据去标识化的能力。

- 识别常用措辞的能力。

- 多语言环境下运转的能力。

- 识别文本中情感的能力。

13.5 数据蒸馏算法

模拟/物联网数据的集成不同于 ETL 或文本 ETL。模拟/物联网数据集成的本质是删除基础数据中访问概率较低的数据。我们无法存储生成的所有模拟/物联网数据，尤其是访问概率较低的数据。

如图 13.4 所示，为了从访问概率低的非相关数据中分离出访问概率高的相关数据，需要首先使用数据蒸馏算法对原始模拟/物联网数据进行蒸馏处理，然后把访问概率较高的数据置于基础数据中。

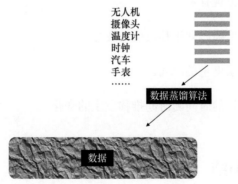

图 13.4　需要对原始模拟/物联网数据进行蒸馏处理

模拟/物联网数据的来源如下。

- 无人机。

- 摄像头。

- 温度计。

- 时钟。

- 汽车。

- 手表。

……

模拟/物联网数据蒸馏的要素如下。

- 蒸馏算法。

- 算法随时间推移发生的变化。

- 阈值选择。

- 阈值随时间推移发生的变化。

- 记录度量的时间。

- 度量的时间随时间推移发生的变化。

13.6　小结

按照本章的建议就可以完成基础数据的构建。构建基础数据是为了支持以数据为基础的应用程序，并且使得这些应用程序能够进一步满足组织大量的分析需求。

第14章 分析

构建数据湖仓的基础数据的主要目的是支持分析处理。基于坚实的数据基础，企业等组织通过分析处理就能够做出明智的决策。相反，如果没有坚实的数据基础，组织就只能凭猜测进行决策。

数据湖仓的基础数据结构包含 3 种基本数据类型——结构化数据、文本数据和模拟/物联网数据。如图 14.1 所示，虽然基础数据主要用于支持分析处理，但有时也会应用在运营中。

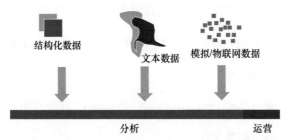

图 14.1　基础数据主要用于支持分析处理，但有时也会应用在运营中

14.1　结构化数据分析

在基础数据环境中，我们可以仅基于结构化数据进行一种

类型的分析。然而，我们需要确保所分析的是完整的结构化数据，这样组织才能够在整个组织范围内进行分析处理。换句话说，将未集成的应用程序生成的数据存入基础数据中是错误的。

通过使用基础数据中的数据，企业可在企业范围内进行探查并回答一些核心的问题。具体问题如下。

- 我们（在企业范围内）有多少客户？

- 我们（在企业范围内）的销售情况如何？

- （在企业范围内）哪个区域的生产效率和盈利能力更强？

- （在企业范围内）在不同的产品线、区域、时间情况下，销售活动是如何开展的？

由结构化数据组成的基础数据为各种实用的分析提供了便利，具体如下。

- 部门分析（Departmental Analysis）：可进行两个部门之间的绩效对比。

- 趋势分析：随着时间的推移，数据发生了哪些变化？

- KPI 分析：关键绩效指标是什么，它们的表现如何？

- 异常值（Outlier）分析：异常值在哪里，是什么，是什么原因造成的？

14.2 文本数据分析

使用基础数据进行分析处理还有一种方式，那就是进行文本数据分析。前提条件是文本数据已经经过 ETL 处理并转换成适合分析的格式，并且分析所需的文本数据及其上下文情境已经准备就绪。无论如何，直接将原始文本数据存储在基础数据中都不是一个明智的策略。

如果基础数据中有了分析文本数据所需的基础，就可以开展各类分析工作。文本数据分析的一个典型应用场景是了解客户的情绪状况。例如餐饮企业需要通过各种方式（如直接从客户、互联网、电子邮箱、客服中心等渠道）收集客户的情绪反馈。

通过分析广大客户的反馈，企业可以得知他们的情绪状况。

文本数据分析还可用于相关性分析。在相关性分析中，分析的对象是多个同时生成的变量。对医生行医记录的分析便是一个很好的例子。医生行医记录中包含大量关联信息，例如对100 万名流行性肺炎患者进行分析，关联信息如下。

- 重症患者有多少？

- 有多少人吸烟？

- 有多少人有癌症病史？

- 有多少人超重？

- 有多少人年龄大于 65 岁？

- 有多少男性，有多少女性？

- 有多少人正在服用呋塞米（一种强效利尿药物。——译者注）？

我们还可以进行许多其他方面的相关性分析。

14.3　模拟/物联网数据分析

在基础数据中，还可以对模拟/物联网数据进行分析。模拟/物联网数据分析能够展示数据的整体情况或者单条/多条记录的分析结果。

以机械加工的产出品为例，我们可以对单条记录进行分析。分析人员会检查每台机器生产的每个产品，寻找有缺陷品的加工机器。当分析人员找到有问题的机器后，就会对其进行维修调整，以提高产品质量。

14.4 结构化数据和文本数据的结合

在基础数据环境中，还有一种更具吸引力和潜力的分析处理方式，那就是将结构化数据和文本数据结合起来进行分析。有时甚至可以将来自两个不同环境的数据进行合并。通过这种方式，我们可以创建出不同且强大的数据分析视角。

例如，假设客户的购买数据存储在结构化环境中。在这种情况下，购买记录、购买时间、购买地点以及购买价格等信息也会被收集在结构化环境中。在文本环境中，我们能够找到客户的购买评论。通过将结构化数据与文本数据合并，我们便能对客户进行更深入的分析。

当结构化数据与文本数据合并时，一张完整且精确的客户画像便呈现了出来。

通过对客户的洞察能够使厂商改进产品和服务，获得增加新客的机会。如图 14.2 所示，结合文本数据和结构化数据进行分析可以带来更强大的能力，比如进行客户 360 度全景分析、客户趋势分析和店铺满意度分析等。

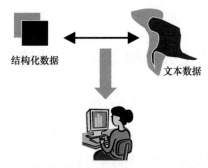

结构化数据   文本数据

图 14.2   结合文本数据和结构化数据进行分析可以带来更强大的能力

为了更好地倾听客户的声音，可以将结构化数据和文本数据合并分析，但是，这个过程可能会相对复杂。为了实现跨环境分析，我们需要想办法将两个环境中的数据连接起来。

这一做法的难点在于结构化数据的操作是基于键、属性和索引进行的，而我们通常说话或写作的方式并不符合这种结构。因此，我们还需要找到一种方法来连接文本数据和结构化数据，以便能够在两个环境中进行分析。

在某些情况下，我们确实可以建立这样的连接。例如，在网站评论中，我们可以识别组织、评论日期和其他重要信息。这些结构化信息会与用户的评论一同呈现。当识别出这些标识信息后，我们便可以进行跨环境分析。但是，当无法在结构化数据和文本数据之间建立连接时，要想同时分析这两种数据将非常困难，甚至是不可能的。

当然，在某些情况下，这两个环境之间存在明确的连接，但有些情况下则没有。例如，通过一个人的姓名将两个环境连接起来，便形成了一个弱连接，这样的连接存在很多问题，也是不可信的。

例如，在结构化环境中有一个名字"William Inmon"，而在文本环境中有一个名字"Bill Inmon"。那么"William Inmon"和"Bill Inmon"是同一个人吗？可能是，也可能不是。如果假设这两个名字指向同一个人，则可能得出错误的结论。

14.5　连接 3 个环境

当然，在 3 个环境之间建立连接也是有可能的。如图 14.3 所示，当我们建立起这样的连接后，就能进行更多非常有趣的分析。

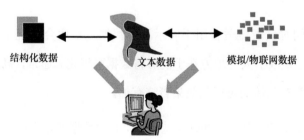

图 14.3　连接 3 个环境

这一做法的问题在于不同环境之间的连接通常都属于弱连接，这种弱连接会限制很多重要的分析处理工作的开展。

14.6 执行分析

我们可以通过 3 种方式分析和处理基础数据：

● 通过仪表盘；

● 通过知识图谱；

● 通过电子表格。

3 种分析和处理方式各有优缺点。

仪表盘适用于展示静态数据和明确定义的数据，也适用于那些数据结构以及与其他数据的关系不经常变化的场景，例如仪表盘非常适合用于展示公司的 KPI。但是，对于那些动态变化的数据与数据关系经常变化的场景，则不宜通过仪表盘来展现。

同时仪表盘适合用于展示汇总数据，不适合呈现个体数据。它最吸引人的地方在于能够将数据可视化。通常，高层管理者都对酷炫的可视化效果青睐有加。

知识图谱适用于展示动态数据，其中数据元素之间的关系也会不断变化，它能够帮助关联不同类型的数据。知识图谱还适用于展示详细数据，但并不适用于汇总数据。

电子表格已经广为人知。它的巨大价值在于即时性和极强的灵活性。任何用户都可以打开电子表格工具，处理各种类型的数据，并直接录入数据。但是，电子表格强大的灵活性也带来了负面影响，那就是它无法保证数据的完整性，也无法判断其中的某个数据是否准确可信。由于任何人都可以在电子表格中输入任何值，因此难免让大家怀疑其中的数据的可信度。

14.7 小结

不同数据的分析和处理方式多种多样。如图 14.4 所示，只要基于可靠的基础数据，数据分析的结果便是可信的。

图 14.4 基于可靠基础数据的数据分析和处理结果是可信的

第 15 章　软数据

数据湖仓中基础数据的本质应该是可信的。如果基础数据不可信，就不应该把这些数据存入数据湖仓中。

当人们访问基础数据时，必须相信检索到的数据是准确和完整的。

当我们提到结构化数据、文本数据和模拟/物联网数据时，通常不会对数据的真实性产生疑问。这种数据被称为"硬"数据。

但是，还有一种数据，它也可以被视为基础数据的一部分。这种数据被称为"软"数据。软数据是指来自电子表格、互联网或政府的数据。然而，软数据的问题在于其准确性和真实性。软数据与基础数据中的"硬"数据存在差异。

那么软数据是否应该存入基础数据呢？这取决于软数据的可信度，同时我们还要考虑是否可以将软数据与已经确定和审查过的数据结合起来。

如图 15.1 所示，我们可以在基础数据中存入一些软数据。

不过，我们必须确保软数据的有效性，如果软数据不符合有效性要求，则不应将其存入基础数据。

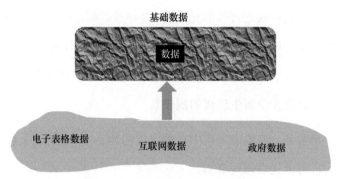

图 15.1 在基础数据中存入软数据

15.1 电子表格数据

软数据的第一个数据来源是电子表格。但是，在基础数据中存入电子表格数据会受到许多严格的限制。

首先，电子表格数据存在许多问题。其中最大的问题是数据来源的不确定性。事实上，我们无法确定电子表格中的数据是否真实可靠。由于任何人都可以在电子表格中填写任何内容，因此，我们必须先考虑电子表格数据的可信度。如果电子表格中的数据不可信，就不应该将其存入基础数据中。

电子表格数据还存在一个问题，那就是电子表格中的数据没有可用或可靠的元数据。尽管电子表格包含行和列，但此规范仅适用于电子表格的上下文情境。因此，行和列的定义可能与组织的业务相关，也可能无关。

电子表格缺乏可靠的元数据，会导致数据在电子表格中失去上下文情境。例如，电子表格中的数字 1977 代表 1977 年，还是代表牧场里羊的数量，或者是某个人的账户透支金额，又或者是耶鲁大学新生班级的规模？

事实是，在电子表格中单独出现的数字 1977 是毫无意义的，它可以代表任何事物。

尽管目前只能从电子表格中获取文本数据，但即便如此，也必须确保文本数据能够体现上下文情境。因此，在提取文本数据时，必须将其上下文情境嵌入文本数据，并通过文本 ETL，将其包含在基础数据中。不过值得注意的是，有时我们可以从文本数据中得出上下文情境，有时则无法做到。

15.2   互联网数据

软数据的第二个丰富的数据来源是互联网。只要数据经过认证和验证，我们就可以将互联网数据存入基础数据中。

然而，在互联网上获取数据并将其存入基础数据时存在一些问题。首先，有些网站不希望他人从网站获取数据。但不管怎样，将自己的数据托管给互联网的网站都需要使用自定义代码。此外，所需的代码也会不断变化，因为互联网站点本身也在不断变化。

值得庆幸的是，从互联网上获取数据导致的隐私问题并不常见。由于在互联网上发布的数据大多属于公共领域，因此通常不涉及隐私问题。

另外，在大部分情况下，在互联网上获取的数据基本都是一次性的，虽然数据有可能会不断更新，但是总体而言这种概率是比较低的。

15.3　政府数据

软数据的第三个可能的数据来源是政府。政府会发布大量可能有用的数据。例如，政府会定期公布利率、人口数量、通货膨胀率、就业率等数据。我们可以把政府公布的数据存入基础数据。

15.4　小结

从所有软数据来源的角度来看，在将数据存入基础数据之

前，需要对数据进行确认，以了解数据的可信度。软数据需要
确认的要素如图 15.2 所示。

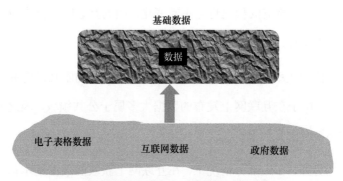

图 15.2　软数据需要确认的要素

第 16 章　描述性数据

基础数据中包含不同类型的数据，而不同类型数据的描述性数据也存在显著的差异。尽管这些描述性数据存在根本性的差异，但通过描述性数据，我们可以全面了解基础数据中的数据。

分析人员可以通过描述性数据了解不同类型的数据。

通过分析基础设施中提供的描述性数据可以获得更详细的数据。换句话说，分析基础设施是通往详细数据的路线图。描述性数据会告诉分析人员如何定位所需数据，数据的含义，并指导其组合数据。

因此，分析人员需要从分析基础设施入手。描述性数据能为各种分析人员提供帮助，包括数据科学家、业务分析人员、文员，甚至是管理人员。总之，对任何希望使用基础数据的人来说，描述性数据都是非常有用的。

图 16.1 展示了分析基础设施的两个层次的数据——描述性数据和详细数据。

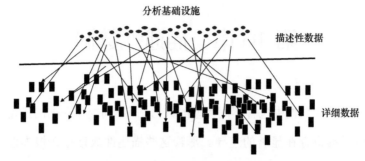

图 16.1 分析基础设施中的数据

分析基础设施的组成如图 16.2 所示，我们将对其中一些组成部分进行描述。

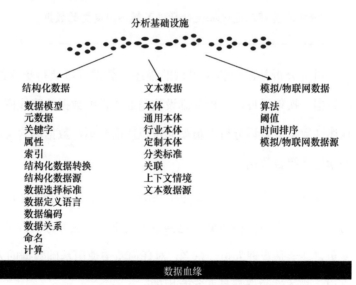

图 16.2 分析基础设施的组成

16.1 数据模型

对基础数据中结构化数据的描述是从数据模型开始的。数据模型是对基础数据中结构化数据的抽象表示。

数据建模有不同的层级。在实体关系图层级上，我们会定义组织的主要实体及其之间的关系。典型的实体包括客户、产品、订单和运输等。

实体关系图的下一层级是数据项集，用于进一步描述实体。每个实体在实体关系图中都有一个对应的数据项集，其中包括键、属性以及实体之间的关系等。对于每一组数据项集，我们都可以找到其物理定义，包括实际定义、键标识、属性的名称、属性的结构以及索引。这些数据项集为更详细的数据库设计奠定基础。

从多个角度来看，数据模型可以被视为对组织内结构化数据的一种抽象。

抽象是非常有用的。因为数据可能很快变得非常复杂，抽象可以使得设计师和分析人员更好地访问和分析基础数据中的数据。

16.2   元数据

在对基础数据中的结构化数据进行基础设施分析时，元数据定义也是很重要的一个部分。如图 16.3 所示，这些元数据类似于数据模型的物理属性。元数据确实包含一些数据库管理系统（Database Management System，DBMS）特有的物理特征，这些特征并不包含在数据模型的较低层次中。

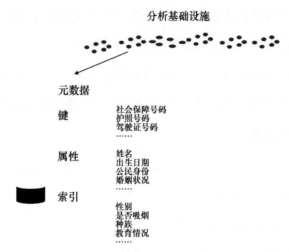

图 16.3   包含一些数据库管理系统特有的物理特征的元数据

在物理层面上，元数据包括数据库管理系统所描述数据的实际定义，例如键、属性和索引等要素。

16.3　结构化数据转换

分析基础设施定义了对结构化数据执行转换的过程。通常，最常见的转换是将应用程序生成的数据转换为企业数据，但在其他地方也会进行数据转换。结构化数据的转换规范包括以下几个方面：

- 名称转换；

- 编码转换；

- 度量单位转换；

- 货币类型转换；

- 计算转换；

- 数据选择转换。

图 16.4 展示了一个将不同定义的数据转换成同一类型数据的示例。

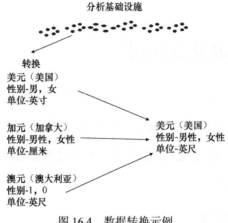

图 16.4　数据转换示例

16.4　结构化数据源

在对结构化数据进行基础设施分析时，识别出结构化数据的数据源是其中非常重要的一个步骤。通常，结构化数据的起始来源是事务数据，我们可以从不同的来源收集与事务相关的数据。有时在结构化环境中，除了事务之外，还会有其他数据源提供的数据。

下面我们看一个简单的航空公司订票事务示例。在办理订票的过程中，我们需要收集以下信息：

● 乘客姓名；

● 航班号；

● 航班日期；

- 目的地和起始地的机场；

- 航班费用；

- 座位号。

事务数据可以来自不同的数据源，例如银行柜员活动、自动取款机活动、活期存款交易和航空公司订票等。

16.5 数据选择标准

在对结构化数据进行基础设施分析时，确定数据筛选条件是其中最重要的部分之一。仅仅识别出需要使用的算法是不够的，还必须明确计算中包括和排除了哪些数据。分析人员需要确切的数据筛选条件，以进行准确而深入的分析工作。

在计算结果的准确性和可信度方面，包括或排除数据都可能会造成很大的影响。使用基础数据进行分析的分析人员需要清楚了解参与计算的数据具体有哪些。

16.6 数据定义语言

在进行基础设施分析时，数据定义语言（Data Definition Language，DDL）也是一个非常重要的部分。数据定义语言用于定义与数据库管理系统相关的数据库结构。虽然数据的数据项集和物理定义可以帮助我们定义数据，但对数据库管理系统的数据而言，数据定义语言始终包含对定义数据库有用的其他信息。除了将数据定义语言保留在分析基础设施的描述性数据之外，分析人员还需要跟踪数据定义语言随时间的变化情况。

16.7　数据编码

分析基础设施的另一个重要组成部分是数据编码。编码是指保存在数据库中的有意义的值，例如性别属性可能有值 m 和值 f 两个编码，其中，m 表示男性，f 表示女性。但是，在数据库中还可能包含许多其他的编码结构。如图 16.5 所示，分析人员要理解存储在基础数据中的数据，就必须先理解数据的编码。

分析基础设施

编码

婚姻状况-m(已婚)、s(单身)、d(离婚)、w(丧偶)
教育程度-hs(高中)、col(本科)、mas(硕士)、phd(博士)
州-tx (得克萨斯州)、ny (纽约州)、ca (加利福尼亚州)、az (亚利桑那州)、ut (犹他州)、
nm (新墨西哥州)、co (科罗拉多州)、ok (俄克拉何马州)等
国家-usa(美国)、uk(英国)、fr(法国)、ger(德国)、sp(西班牙)、can(加拿大)、
mx (墨西哥)等
海洋- pac (太平洋)、atl (大西洋)、arc (北冰洋)等
大陆-NA(北美洲)、SA(南美洲)、EU(欧洲)、AS(亚洲)、AU(非洲)等
货币-$ (美元)、P (欧元)、Peso (比索)、Yen (日元)等
......

图 16.5　基础数据中数据的编码

16.8 数据关系

分析基础设施还有一个更重要的组成部分，那就是数据关系。这些数据关系构成许多分析处理的基础。换句话说，许多分析都依赖数据关系。因此，准确确定数据之间的关系非常重要。

数据关系可以以多种形式存在。有些关系可以完全由应用程序构建和支持，而数据库管理系统则支持其他一些关系。另外，一些非正式的关系仅在特定条件下存在。不管怎样，只要存在支持关系的数据，就必须维护这些关系。关系的形式有很多种，例如以下几种：

● 应用程序支撑的关系；

● 数据库管理系统支持的关系；

● 隐含关系；

● 显式关系；

● 推理关系。

图 16.6 展示了数据关系的多种形式。

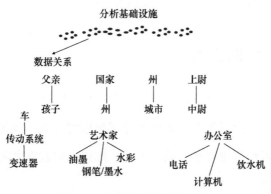

图 16.6 数据关系的多种形式

16.9 文本数据

支持文本数据和文本数据分析的描述性数据是一类重要的描述性数据。虽然文本数据的描述性数据与结构化数据的描述性数据有一些相似之处，但它们在上下文情境中存在明显的差异。

在结构化环境中，数据的上下文情境非常明确，主要体现在系统的结构中。例如，一个属性可能被命名为"性别"，这意味着该属性中的所有数据都与性别相关。或者一个表可以被命名为"客户文件"，这意味着这些文件中的信息都与客户相关。因此，对结构化环境来说，数据的上下文情境明确且显式存在于结构化数据的元数据中。在结构化环境中，数据的上下文情境由描述性数据本身的元数据提供。

但是文本环境并没有体现出明确的上下文情境。人们不会根据上下文情境说话，也不会根据明确的上下文情境写作。相反，上下文情境会隐式地嵌入语言。当然，文本数据中也存在上下文情境，但是文本环境中上下文情境的定义方式与结构化环境中的不同。要理解文本环境中的上下文情境，有必要先消除文本的歧义。但是，在文本数据分析中，上下文情境与结构化环境中的上下文情境一样重要。上下文情境在分析基础设施中扮演着非常重要的角色，可以帮助我们理解数据湖仓中的基础数据。

16.10　本体

文本数据的描述性数据的主要组成部分是本体。本体是由两个或多个相关分类标准的集合构成。一般来说，本体提供对业务或学科的完整描述。

汽车制造业可能会有一个本体，驾驶飞机可能有一个本体，学校教育也可能有一个本体，诸如此类。我们可以以国家、州和城市的本体为一个简单示例来说明。如图 16.7 所示，每个州都隶属于一个国家，每个城市都隶属于一个州和国家，地理学家可能会使用这个本体。

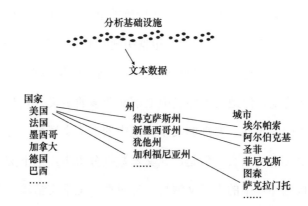

图 16.7　国家、州和城市的分类标准共同构成了这个本体

　　如图 16.8 所示，本体有 3 个种类——通用本体、行业本体和定制本体。通用本体主要包括通常使用的单词和术语，对通用术语而言，通用本体的主题并不重要。而行业本体则包含特定行业的术语，例如，医疗行业有医疗术语，法律行业有法律术语，会计行业有会计术语等。

　　定制本体包含企业特定的名称。例如，企业可以将一口油井指定为 P1035-A，或将一台压缩机指定为 CO108.12。每个行业都有其特定于个别企业的术语，而其他企业则不使用这些术语。这些定制术语也属于本体的一部分。

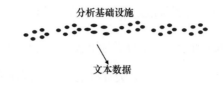

图 16.8   通用本体、行业本体和定制本体

16.11   分类标准

要想理解文本数据还需要熟悉分类标准。分类标准仅仅是一个分类词组。在分类标准中，每个单词都与其他元素具有相同的类别关系。

分类标准是本体的一部分。

通过观察可以发现，本体和分类标准似乎是一样的，至少两者关系非常密切。然而，分类标准和本体之间存在一些显著差异，例如本体的内容是异构的，而分类标准的内容是同质的。一个本体包含许多不同的元素，这些元素之间具有本质上的差异。例如汽车制造商的本体可能包含关于原材料、汽车销售和质量保证的分类标准。这些分类标准之间存在很大的差异。

如图 16.9 所示，一个分类标准仅包含与该分类关系相同的分类数据。与本体不同，分类标准的内容是同质的。举个简单的例子，树的分类标准可能包含榆树、山核桃树、橡树和松树，但不会包含足球、高尔夫球杆或牛排晚餐，因为它们都不属于树的范畴。

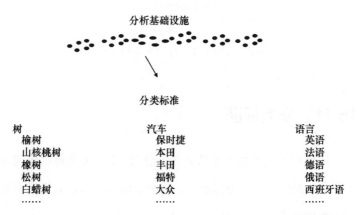

图 16.9　一个分类标准仅包含与该分类关系相同的分类数据

仅仅依靠本体和分类标准进行文本分析是不够的，文本分析还有很多其他要求。

16.12　关联

文本消歧需要一个元素，那就是寻找隐含在文本中的业务规则，如图 16.10 所示，这种形式的业务规则被称为关联。

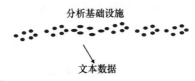

图 16.10　关联示例

16.13　上下文情境

　　与业务规则相关的是上下文情境的处理过程，而上下文情境则是文本消歧的本体和分类标准解决方案的必要组成部分。

　　通过将本体和分类标准作为指南，可以消除许多文本的歧义，但是很多其他形式的文本并没有采用本体和分类标准。

　　大多数文本都是自由格式的，作者或演讲者可以自由地表达自己的思想。但有些文本并不是自由格式的，例如，法律合同和实验室报告就是典型的非自由格式文本，在这种情况下，单词的含义通常需要通过文本数据的上下文情境进行推导。

如图 16.11 所示，在一份合同中，我们可以通过查找开始和结束分隔符来推断合同签署人的姓名。当我们找到开始和结束分隔符后，就可以推断出它们之间文本的含义。

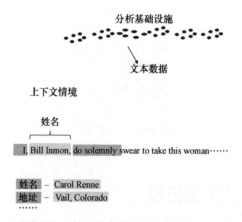

图 16.11　通过查找开始和结束分隔符来推断合同签署人的姓名

16.14　文本数据源

文本环境中的文本数据的来源与结构化环境中的结构化数据的来源一样重要。典型的文本数据来源包括以下几种。

● 语音对话。

● 电子邮件。

● 印刷资料。

- 电子文本。

- 互联网。

每一种文本数据来源都有自己的特点。语音对话需要进行转录，并且在此过程中往往会损失一定程度的准确性。印刷资料需要通过光学字符识别进行转录，而其准确性与油墨打印的清晰度、字体以及纸张的稳定性等多种因素有关。互联网取决于互联网数据所在的站点，每个互联网站点都是不同的，并且会经常发生变化。电子邮件则依赖对垃圾邮件的过滤能力，以及清理和删除系统开销数据的能力。如果不对垃圾邮件进行过滤，电子邮件流的大小将不断增长，最终难以处理。

16.15　模拟/物联网数据

在数据湖仓的基础数据中，还有一种数据类型是模拟/物联网数据。模拟/物联网数据是机器生成的数据。尽管大多数机器的监测数据都不重要，但偶尔也会出现引起人们极大兴趣的模拟/物联网数据。因此，需要进行数据蒸馏，将乏味的数据与有趣的数据分离开。

16.16　算法

蒸馏算法是一种特别有趣的算法，这种算法具有智能，可以用于判断模拟/物联网数据是否有用。

如图 16.12 所示，算法对试图分析模拟/物联网数据的人员来说具有特殊的意义。

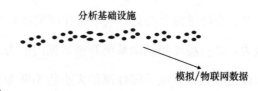

分析基础设施

模拟/物联网数据

算法

```
Do while A < recct
If abc > 1000
    move cde to final
If CDE < 100
    move cde to final
Add final to eof
If eof < 100
    move cde to reg
……
```

图 16.12　具有特殊意义的算法

16.17　阈值

除了用于分离模拟/物联网数据的算法以外，将定义的数据阈值作为参数进行进一步分析也很有意义。算法的阈值决定了将记录写入访问文件的边界。例如监控会全天候写入记录，大多数记录都是正常的，不值得关注。然而，偶尔会出现超出正常范围的测量值，测量值可能过高或过低。在这种情况下，异常的记录将被写入访问概率较高的文件。记录是否被写入则取决于所设置的算法阈值。

16.18 时间排序

有时，时间排序方法可能会采集到分析人员感兴趣的模拟/物联网数据。如图 16.13 所示，在时间排序方法中，分析人员可以为预期的、感兴趣的活动选择一个时间段，在这个时间段内发生的所有记录都会被采集。

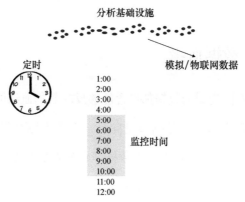

图 16.13　分析人员会采集某个时间段内发生的所有记录

与依靠预先设定阈值不同，分析人员也可以通过使用时间排序方法来监控活动。

16.19   模拟/物联网数据源

模拟/物联网数据的来源至关重要，通常某些机器以一种速度收集数据，而其他机器则可能以另一种速度收集数据。在收集数据方面，某些机器具有很高的精度，而有些机器的精度则很低。有些机器采用一种测量方法来收集数据，而有些机器则使用不同的测量方法。

分析人员需要了解生成模拟/物联网数据的机器之间的细微差别。

16.20   数据血缘

所有不同类型的数据都包含能够反映数据血缘的数据。在组织中，数据从一个数据库流向另一个数据库是很常见的现象。如图 16.14 所示，对使用数据湖仓基础数据进行工作的分析人员来说，数据血缘是非常有用的。

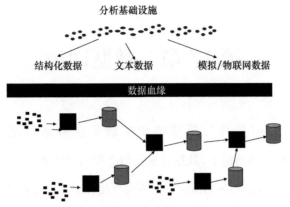

图 16.14　在使用数据湖仓基础数据进行分析工作时
数据血缘非常有用

16.21　小结

实际上，数据湖仓的基础数据是非常有价值的。数据湖仓中最基本的数据是集成到基础数据中的详细数据。这些基础数据可以使企业等组织成为真正的数据驱动型组织。但仅有详细数据是不够的，还需要描述性数据，只有将详细数据和描述性数据结合起来，才能使数据湖仓发挥最大的作用。由于描述性数据描述了基础数据中的详细数据，因此分析人员可以轻松找到所需的详细数据。

第17章　数据目录

我们需要将分析基础设施放置在数据目录（Data Catalogue）的结构中。数据目录类似于图书馆的图书检索目录。当我们进入公共图书馆时，并不会直接在书架上寻找图书，而是先通过图书馆的图书检索目录进行查找，以便快速找到所需的图书。当我们找到所需图书的检索信息后，就能很轻松地在书架上找到它。

数据目录的运行方式与此类似，它负责连接组织中的所有文档和数据库。利用数据目录在基础数据中进行检索，能够节约大量的时间。

数据目录指向数据湖仓中的详细数据。如图 17.1 所示，数据目录位于基础数据之上，它提供了关于分析基础设施的各种信息，涵盖以下几方面。

● 元数据。

● 数据模型。

● 本体。

● 分类标准。

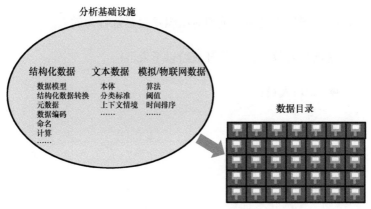

图 17.1 数据目录包含分析基础设施中的各种信息

17.1 永久维护

数据目录经常被忽略的一个因素是它总在变化。数据目录也在不断地被更新维护，持续不断更新维护数据目录的原因有很多，包括以下 3 种。

- 业务环境持续变化。

- 系统不断变化。

- 不断加入新系统。

17.2 开放

数据目录应该是开放的，且可供组织中的任何人分析使用，唯一例外的是那些试图对组织发起恶意行为的人。

这意味着数据目录将开放给以下人群：

- 管理人员；

- 文员；

- 日常运营人员；

- 审计师；

- 分析人员。

17.3　不同数据类型的内部结构

结构化的数据目录可以在不同类型的数据之间产生关系。对驻留在数据目录中且与单个数据类型关联的数据来说尤其如此。

各种数据类型之间的描述性数据也可能存在一些关系。尽管不同数据类型之间存在关系的可能性不大，但是如果存在关系，那么它们之间的关系是非常重要的。而且一些有趣的分析可能就发生在不同的描述性数据类型之间，如图 17.2 所示。

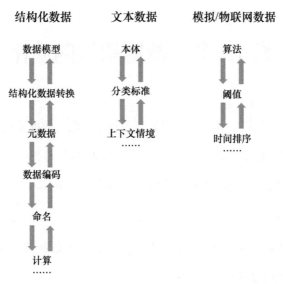

图 17.2　一些有趣的分析可能发生在不同的描述性数据类型之间

17.4　小结

分析工具可以用于处理数据目录中的数据，就像它可以用于分析基础数据中的详细数据一样。当然，如果有必要，也可以独立于基础数据对数据目录进行分析。

与大容量存储器不同，数据目录是数据湖仓的必要组成部分。

第 18 章　数据架构的演化

数据架构是多类型数据处理的核心。没有数据架构，就没有坚实的数据基础可依赖。人工智能、机器学习和数据网格只有依赖数据架构，才能在各自的环境中取得成功。

数据湖仓中的基础数据是基于深思熟虑和精细设计的数据架构而来的。

数据湖仓作为基础数据的基础设施，经过了漫长的演变，虽然这个过程可能并不明显，但事实的确如此。

18.1　伊始

在早期，应用程序非常简单。如图 18.1 所示，这些应用程序只能读取输入，处理后并生成输出。最初，这些简单的应用程序能够在企业等组织中高效地执行重复性工作，从而为组织节省大量工作时间。

图 18.1 只有简单的输入/输出的应用程序

18.2 应用程序

很快,人们发现还可以编写更加复杂的应用程序。计算机和编程应用程序的能力远不止于处理重复性活动。如图 18.2 所示,人们开始创建复杂的应用程序,如一个应用程序可以为另一个应用程序准备数据,以此循环。通过这样的方式,技术在组织中的价值得到不断提升。

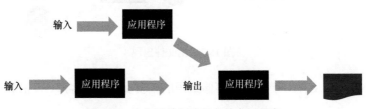

图 18.2 人们开始创建复杂的应用程序

然而,随着数据量的增长,出现了一个问题。由于新的应用程序开始处理大量数据,并且生成更多的数据,因此,当时使用的存储介质(如打孔卡片和纸带)已经不足以存储这些数据。这时就需要寻找另一种方式来保存和管理数据。

18.3　磁带文件

随着发展，磁带文件成为数据存储的主要媒介。相比早期媒介，磁带文件能够存储更多的数据。与打孔卡片相比，磁带文件有许多优势，如存储成本更低，不需要固定长度的记录，并且可以重复使用。

随着磁带文件的出现，主文件（Master File）的概念随之而来，如图 18.3 所示。

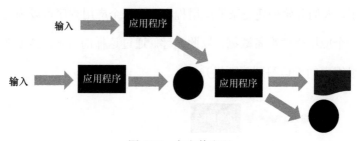

图 18.3　主文件出现

主文件对于收集和存储组织的主要实体（如客户、产品和运输）的相关数据非常有用，它的理念是将相关信息集中存储在一个地方。

然而，使用磁带文件进行存储很快出现了新的问题。尽管相较于打孔卡片，磁带文件可以更有效地存储数据，但是在使用磁带文件时，要想访问单条记录，则必须读取整个文件。这导致长时间的低效处理。虽然磁带文件解决了打孔卡片的众多问题，但也引入了一系列新的挑战。

除了需要遍历整个文件才能找到特定的单条记录以外，磁带文件也不能长时间保存数据。当磁带文件存储一段时间后，磁带文件上的氧化物会磨损而导致文件损坏，进而变得毫无价值。

18.4　硬盘存储

随着硬盘存储系统的出现，我们能够更加便捷地电子化存储和访问数据。如图 18.4 所示，数据库管理系统应运而生，负责管理这些数据。

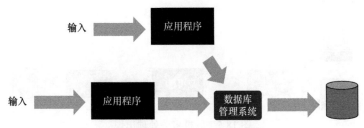

图 18.4　数据库管理系统和硬盘存储出现

起初，硬盘存储的价格非常昂贵，而且其容量也十分有限。但随着时间的推移，硬盘存储的生产成本逐步降低，最终变得经济实惠。此外，每一代硬盘存储的发布都提高了其内部访问速度。

　　硬盘存储带来的一项创新功能是可以便捷地直接存取数据，而不需要遍历整个文件。

18.5　OLTP

　　由于数据能够快速存取，因此出现了一种被称为联机事务处理（OLTP）的技术，如图 18.5 所示。通过 OLTP，可以实现亚秒级的事务处理。于是 OLTP 催生了像自动提款机和航空公司订票系统这样的处理方式。同时也由于 OLTP 的出现，计算机在组织中被放置在与客户交互的第一线以及核心位置。OLTP 使得计算机成为组织日常业务处理的重要组成部分。

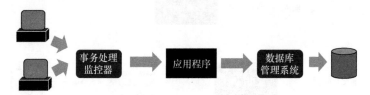

图 18.5　联机事务处理出现

　　OLTP 将计算机的角色从仅处理后台任务提升到直接与客户进行接口交互。当计算机不可用或响应速度变慢时，业务将会受到影响。因此，计算机成为业务的重要角色。

随之而来的是 OLTP 应用程序迅速涌现，像雨后春笋般蓬勃发展。

18.6 个人计算机

随着信息技术的快速发展，个人计算机时代到来。基于多种原因，个人计算机变得非常受欢迎。它的价格低廉，轻量便携，甚至可以随身携带。此外，个人计算机还配备了电子表格等软件，为人们打开了计算机处理数据的大门。

个人计算机为那些从未接触过计算机技术的人群打开了学习计算机的大门。

最重要的是，个人计算机赋予终端用户更多自主权。终端用户不再依赖 IT 部门来处理他们的数据，他们自己就可以使用个人计算机独立处理。

多年来，IT 部门一直是决定构建哪些应用程序以及允许哪些计算机能够被访问的唯一决策机构。然而，随着个人计算机的进一步普及，IT 部门逐渐失去计算机的控制权。

18.7　4GL 处理技术和数据抽取应用程序

随着个人计算机的出现，技术出现了爆炸性的发展。IT 部门和终端用户都热衷于开发自己的应用程序。为了支持终端用户，称为 4GL（Fourth Generation Language，第四代编程语言）处理的技术应运而生。如图 18.6 所示，4GL 处理技术使终端用户不再需要依赖 IT 部门来进行处理和编程。

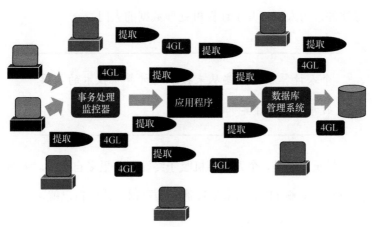

图 18.6　4GL 处理技术出现

除了 4GL 处理技术以外，还出现大量的数据抽取应用程序。数据抽取应用程序的概念十分简单，它们先读取数据库，找到需要的数据，然后将其传递至另一个数据库。数据抽取应用程序在不同应用程序之间迁移和传递数据方面扮演重要角色。

但数据抽取应用程序也带来了一些非常棘手的问题。因为相同的数据元素可能被存储在不同的位置。例如在一个地方，数据元素 ABC 的值是 39，在另一个地方，数据元素 ABC 的值可能是 60，而在其他地方，数据元素 ABC 的值还可能是 1000。因此，基于 ABC 的值做出决策就像戴着眼罩尝试击中目标一样困难。

问题在于，如果同一数据元素存储在多个地方，那么这些数据元素无法及时更新。某天组织醒悟，可能会发现同一个数据元素在不同的位置存在不同的值，而且没有人知道正确的数据值是多少。

数据抽取应用程序与众多应用程序的结合导致了数据的不一致性问题。我们现在面临的挑战不再是找不到数据，而是要找到可信的数据。

请注意，数据的不一致性问题是一个架构问题，而非技术问题。增加更多技术只会让问题变得更糟，而不是更好。

我们需要完成从应用程序生成的数据到企业数据的基本转换。但是，从应用程序生成的数据到企业数据的转换并不是唯一的问题。此外，长时间存储数据变得相当必要。在数据仓库应用程序出现之前，事务处理仅能够存储较短时间的数据，通常为几周到一个月。如果应用程序数据存储时间较长，那么事务响应速度会受到影响。因此，OLTP 应用程序会尽可能快地丢弃数据以保持响应速度。

然而，后来人们发现将数据存储时间延长超过几周是有价值的。在历史数据变得愈发重要时，OLTP 中却没有适合存储历史数据的位置。历史数据有助于我们发现和分析消费者的消费习惯。

为了满足企业层面的数据视图和长时间存储数据的需求，一个被称为数据仓库的架构出现了，如图 18.7 所示。

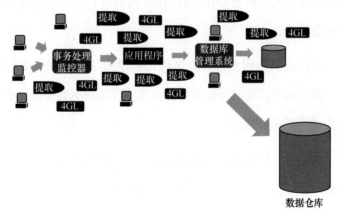

图 18.7   数据仓库出现

18.8   数据仓库

数据仓库是一个理想的系统，可用于数据的分析与处理。

数据仓库有以下作用：

- 提供企业数据视图；

- 可用于分析即时可用的数据；

- 可通过多种方式重塑粒度数据；

- 可以将历史数据用于长期分析。

在数据仓库出现之前，几乎无人知晓数据分析处理。数据仓库提供了企业数据视图。然而，我们很快了解到，不同的企业需要将企业数据重塑为终端用户熟悉的形式和结构。幸运的是，数据仓库中的数据具有不同的粒度，可以支持从不同的视角看待数据。很快，市场营销部门可能会想要自己的数据，财务部门也想要自己的数据，诸如此类。数据仓库中存储的粒度数据可以满足各种数据需求。同时，当数据一致性成为问题时，数据仓库也为保持数据一致性提供了基础。

18.9 数据集市

为了满足对特定领域中数据使用的需求，一种被称为数据集市的架构出现，如图 18.8 所示。

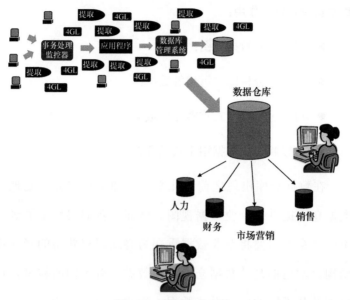

图 18.8   数据集市出现

数据集市使用数据仓库中已有的粒度数据，并将其重塑为终端用户需求的形式和结构。通过数据集市，不同部门能够获取一致的数据，因为它们所看到的数据来源是相同的，那就是数据仓库。

数据仓库的架构持续了相当长的时间，至今仍在使用。

18.10　互联网和物联网数据

还有一种数据形式，它来自互联网。互联网为我们打开了一个广阔的世界，其中包含各式各样的数据。在互联网上，我们可以找到几乎所有能够想象到的主题的各种形式的数据。此外，互联网还提供了大量来自世界各地的数据。

另一种数据类型是机器生成的数据。机器在运行时能够生成大量数据，这些数据被称为模拟/物联网数据。其中一些数据非常有价值，但是许多机器生成的数据几乎没有价值。

如图 18.9 所示，企业等组织面临的问题正是如何合理组织这些不同形式的数据。

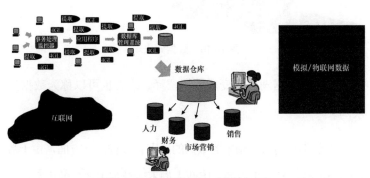

图 18.9　企业等组织面临的问题

18.11　数据湖

如图 18.10 所示，在技术和数据的竞合过程中出现了一种数据架构——数据湖。某些供应商声称可以将所有数据都存入数据湖。一旦数据进入数据湖，我们就可以对其进行分析。至

少从理论上看是这样的，但结果往往是，数据被存入数据湖后
却从未被用于分析。

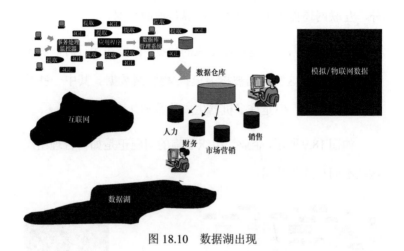

图 18.10　数据湖出现

很快，数据湖就会变成数据沼泽，或者也可以称为数据臭
水沟。

人们不使用数据湖中的数据的原因有多种：一方面，由于数
据湖中的数据是未集成的，因此人们不清楚很多数据的内容；另
一方面，数据湖巨大无比，这导致人们难以找到他们想要的具体
数据。此外，数据湖中的数据没有进行任何整合，人们没有办法
将其中一种类型的数据与其他类型的数据进行合理关联。另外，
由于数据形式非常混乱，人们无法有效地连接多个数据元素。

此外，导致数据湖架构失败的原因不仅限于以上所述。

18.12　数据湖仓

在数据湖混乱的背景下，数据湖仓诞生。如图 18.11 所示，数据湖仓为数据湖添加了功能——分析基础设施，并在将数据存入数据湖仓之前进行集成。

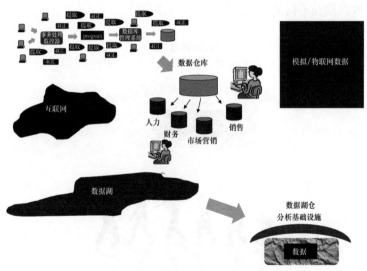

图 18.11　最后，数据湖仓出现

添加这两个功能后，数据湖仓成为一个可行的数据架构，能够满足组织的分析需求。

18.13   小结

数据湖仓是数据架构的最终形式吗？答案显然是否定的。如图 18.12 所示，当前数据湖仓是一个成熟的架构，可以满足需求。同时，未来肯定还会出现架构增强的数据湖仓，以及与数据湖仓不同的形式，以支持新的需求。

图 18.12   数据湖仓会继续演进